铜冶炼副产物
资源化新技术

蔡 兵 宁 平 田森林 王学谦 著

北 京

冶金工业出版社

2024

内 容 提 要

本书基于铜冶炼废气、废水、废渣处置技术的理论和工艺，以三废协同处置、资源化新技术为重点，介绍了新技术和新工艺控制参数、关键设备及应用案例等相关内容。全书共分6章，内容包括：绪论、技术研究方法、铜冶炼排放特征、矿浆法脱硫协同含砷废水处理工艺、蒸发冷却酸洗除砷及硫砷转化利用工艺、应用案例分析。

本书可供冶炼、环保、烟气治理、水处理等专业的技术人员阅读，也可供高等院校相关专业的师生参考。

图书在版编目（CIP）数据

铜冶炼副产物资源化新技术／蔡兵等著 . —北京：冶金工业出版社，2024.7

ISBN 978-7-5024-9864-1

Ⅰ.①铜… Ⅱ.①蔡… Ⅲ.①炼铜—废物综合利用 Ⅳ.①X758.03

中国国家版本馆 CIP 数据核字（2024）第 092720 号

铜冶炼副产物资源化新技术

出版发行	冶金工业出版社	电　　话	（010）64027926
地　　址	北京市东城区嵩祝院北巷 39 号	邮　　编	100009
网　　址	www.mip1953.com	电子信箱	service@ mip1953.com

责任编辑　郭冬艳　美术编辑　吕欣童　版式设计　郑小利
责任校对　李欣雨　责任印制　禹　蕊
北京建宏印刷有限公司印刷
2024 年 7 月第 1 版，2024 年 7 月第 1 次印刷
710mm×1000mm 1/16；9.25 印张；179 千字；139 页
定价 69.00 元

投稿电话 （010）64027932 投稿信箱 tougao@cnmip.com.cn
营销中心电话 （010）64044283
冶金工业出版社天猫旗舰店 yjgycbs.tmall.com
（本书如有印装质量问题，本社营销中心负责退换）

前　言

　　铜冶炼是铜产业链的核心环节，涉及现代工业、电子科技和能源传输等领域，具有不可替代的关键作用。铜精矿经火法冶炼和电解精炼工序制备得到阴极铜，冶炼过程烟气经除尘、酸洗净化后产生大量的含砷烟尘和含砷废酸，同时冶炼带来了大量铜渣尾矿，易导致环境污染。高砷烟尘、含砷废酸和铜渣尾矿具有成分复杂、含有重金属和回收利用难等特性，制约了铜冶炼行业绿色发展。现有技术未考虑矿物加工整体性，只是针对单独的污染环节进行治理，采用"一种废物一种处理工艺"的思路，存在工艺复杂、处理成本高、易造成二次污染和资源浪费的问题。针对有色金属冶炼企业可持续发展的需求，本书提出了多相态铜冶炼副产物中硫砷协同转化利用的新思路：（1）以铜渣尾矿为脱硫剂，基于酸浸出金属离子催化氧化二氧化硫的原理，净化低浓度二氧化硫冶炼烟气，实现烟气达标排放，同时利用酸溶出的 Fe^{2+} 处理含砷废水，实现废水回用；（2）熔炼炉烟气除尘后经绝热蒸发冷却酸洗方式回收烟气中 As_2O_3，副产的硫酸进行硫化处理，得到硫化砷渣，再将硫酸用于酸浸处理高砷烟尘，获得高纯度的 As_2O_3，实现硫酸的回收利用和砷的处理。为实现该思路开展了铜冶炼污染物质流及烟气排放特征、低浓度二氧化硫烟气矿浆法脱硫与含砷废水处理、高砷烟气绝热蒸发冷却酸洗除砷和砷转化利用研究，并在有关研究成果的基础上开展技术验证和工程应用。

　　本书在编写过程中，云南锡业股份有限公司和昆明理工大学为本书的研究内容提供了实验平台，为解决工程难题提供了大量经验和思路。感谢科技部国家重点研发计划课题（2017YFC0210500；2018YFC0213400）与云南省科技厅各类省部级项目的支持。特别感谢清华大学、北京矿冶科技集团有限公司、中国科学院过程工程研究中心在本书编写过程中提供的帮助。衷心感谢昆明理工大学宁平教授、田森林教授、王学谦教授与团队各位老师对本书相关实验及工程项目实施进行细心全面的指导。

　　由于作者水平所限，书中不当之处，敬请广大读者批评指正。

作　者

2024 年 3 月

目　　录

1 绪 论

1.1 铜冶炼概述

我国是最早发现铜资源并使用铜材料的国家，现阶段铜材料的应用已渗透到各行各业中。我国在铜产品消费、加工制造和产品输出等领域居全球首位，在世界铜行业发展中承担着至为关键的作用，精炼铜产量约占全球总产量的35%。全球铜矿石储量约为8.8亿吨，主要分布在美洲。其中，智利铜储量最大，约为2亿吨，占全球铜储量的22.73%；美国铜储量约为1.49亿吨，居世界第二；澳大利亚和秘鲁分列第三、四位，分别占全球铜储量的10.57%和8.75%[1,2]。中国约有950座铜矿，根据目前已探明的铜储量7546万吨，铜储量排名全球第五。此外，可供开采的铜储量约2436万吨[3]。根据国家统计局的数据，2020年我国精炼铜产量达1002.51万吨。在中国，铜储量较多的是江西（20.4%）、西藏（15.2%）和云南（11.2%），其铜储量占到全国总储量的46.8%。随着经济的发展，铜需求量呈不断增加趋势。随着铜产量的需求，越来越多含砷低铜矿物成为铜冶炼的重要原料，显著改善铜行业的产业结构[1]。

铜冶炼通常指从铜精矿到精炼铜的过程，主要分为火法和湿法两种技术路线。火法以硫化铜精矿为主，通过熔炼、吹炼、火法精炼、电解精炼等环节形成电解铜[4,5]；湿法则以氧化铜矿为主，普遍采用酸/碱浸出其中的铜、锌、镉、铟等有价金属，通过浸出、萃取等环节形成电解铜。火法生产效率较高，能耗较低，电解铜质量较好，且能较好回收铜矿中有价金属；湿法所需设备简单，不产生SO_2污染，但与此同时，砷也随之溶出，从而形成含砷、铜、锌、镉、铟等金属的复杂溶液，其对原料的要求较高，且难以回收有价金属，同时产物多离子酸性溶液也易污染环境，高离子强度下多金属的选择性分离是湿法冶金中需要面对的难题[6,7]。故在当前技术水平下，火法是铜冶炼的主流技术[8]，采用该技术分离的约占80%。火法炼铜工艺简单，但能耗高，过程会产生大量潜在有害物，如含硫烟气、含砷污酸、铜渣尾矿、铜冶炼烟尘等，存在大气污染的潜在风险。含硫烟气与污酸中含有大量硫资源，铜渣尾矿和铜冶炼烟尘中含有大量铁、锌、铜等有价金属与砷等有害元素，冶炼过程产物的回收利用不仅能降低其对环境的污染，还能实现资源回收，对环境保护与资源循环具有重要意义。随着国家对环境问题的重视和企业对资源循环利用的关注，铜冶炼过程产物的综合处理与利用已成为铜冶炼行业面临的共性问题，并成为制约铜冶炼行业可持续发展的重大瓶颈之一[8]。

近年来，随着国家和行业相关法律法规及污染防治政策的出台，由硫、砷污染引起的环境问题也逐渐受到人们的关注，作为硫、砷污染的重要源头，铜冶炼企业对冶金过程产物的无害增值化处理高度重视[9]。此外，冶金多过程产物的协同处理也不断受到关注，如矿浆法烟气脱硫等。通过综合利用冶炼过程中多形态产物，回收冶炼过程中伴随的有价金属，实现多类型产物的高效处理，并有效避免砷等有害杂质在铜冶炼系统的循环[10]，为今后铜冶炼多过程产物的综合回收利用与循环经济发展提供有力的保障。

1.2　铜冶炼烟气治理技术现状

1.2.1　铜冶炼烟气特点

铜冶炼烟气主要含 As、Zn、Pb、Cu、Sb、Fe、Mg、Bi、Sn、Hg 等元素；铜冶炼废气主要由 NO_x、SO_2、SO_3、CO_2、CO、N_2、H_2O、O_2 等气相成分组成[11, 12]。各成分含量如表 1-1 所示。

表 1-1　铜冶炼烟气成分[11]

工艺	烟气量 /km³·h⁻¹	烟气组成（体积分数）/%					
		SO_2	SO_3	O_2	CO_2	CO	H_2O
硫酸化焙烧	—	5.20	1.72	6~7	—	—	—
	—	4.25	1.77	6~7	—	—	—
反射炉	100	1.25	—	2.2	14.25	—	—
	64	0.7~1.3	—	0.9~2.5	9.3~9.9	0.1~0.3	—
密闭鼓风炉	22~23	5~6.5	—	<3	15~17	0.6~1.0	13~15
	18~22	3.4~4.5	0.001~0.03	3~6	8~11	0.4	8~12
闪速炉	68.7	8.66	2.3	1.35	5.94		8.15
白银炉	—	11.26	1.89	1.38	7.45	—	—
		5~6		0.5~1.0	10~11	—	—
转炉	28.38	17.45	—	1.44	—		3.42
诺兰达炉	82	8.38		8.35	3.49		17.58
	11.89	9.04	—	9.82	1.73	—	10.9

阳极炉的冶炼工艺流程为加料、氧化、还原、浇铸、控温。阳极炉运行时，烟气温度较高，烟气中含有二氧化硫、氮氧化合物、粉尘等，基于各阶段工况所具有的差异性，烟气成分变化存在较大浮动现象，尤其表现在烟气成分中二氧化硫的浓度，会发生较大幅度的波动。阳极炉出口烟气工况如表 1-2[13] 所示。

表 1-2 阳极炉出口烟气成分[13]

炉型	时间/h	烟气量 /m³·h⁻¹	烟气温度 /℃	烟气含尘量 /g·m⁻³	烟气成分/%				
					SO_2	N_2	O_2	CO_2	H_2O
氧化期	2	4692	1350	2.91	3.20	58.39	11.98	8.02	18.41
还原期	2	4075	1400	7.30	0.00	5.44	0.88	33.43	60.25
其他	14	1320	1350	4.10	0.00	28.62	9.96	20.27	41.15

环集烟气除尘脱硫系统的工艺流程为从环集风机输出的烟气，先进入净化塔洗涤，经水洗除去烟气中的粉尘、重金属、SO_3 等杂质，得到较为洁净的 SO_2 烟气，再进入脱硫塔与碱液进行脱硫反应，经电除雾器（初始设计无，后续改造新增）去除酸雾及余下少量烟尘后，至塔顶烟囱达标排放，如图 1-1[14] 所示。环集脱硫系统各排口的烟气年平均成分如表 1-3 所示。

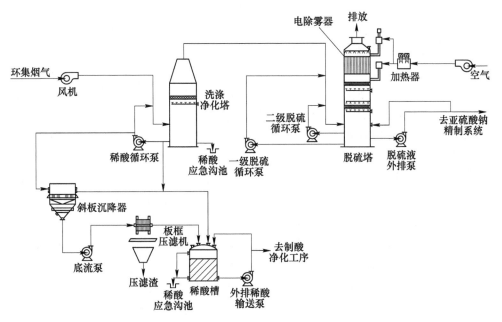

图 1-1 环集烟气除尘脱硫系统工艺流程图[14]

表 1-3   环集脱硫系统各排口的烟气年平均成分[15]

烟气类型	烟气量（标态）/m³·h⁻¹	含尘量（标态）/mg·m⁻³	烟气温度/℃	烟气成分		
				NO_x/mg·m⁻³	H_2O/%	SO_2/mg·m⁻³
吹炼炉环集烟气	44026.52	120.17	44.65	5.66	2.95	7145.69
熔炼炉/电炉	133812.73	59.37	36.64	3.10	3.33	578.27
精炼炉烟气	23271.22	26.05	66.98	114.00	3.50	323.21

1.2.2   铜冶炼烟气脱硫技术现状

目前国内外烟气脱硫工艺超过200种，然而，由于铜冶炼烟气具有"气量波动大，SO_2浓度变化范围广"特征，能够工程应用的铜冶炼烟气脱硫方法不过十余种，其方法关键在于实现SO_2的氧化及硫酸根（SO_4^{2-}）处理，而硫酸根的处理在本质上有两种方法[16]：一是抛弃法，即将脱硫产生的副产物作废物抛弃，最典型的是钙法。抛弃法处理简单，运行费用高，每年需要支出大量环保费用，需占用大量的堆置场地，企业效益低，还存在潜在的二次污染；二是回收法或资源化利用法，其目的是将硫酸根利用，根据所用脱硫剂不同可获得不同的产品，如稀硫酸[17]、硫酸铵[18]、硫酸亚铁[19]、硫酸锰[20]、硫酸锌[21]等，回收法流程较长，需增加回收部分设备的投资，优点是资源利用充分，二次污染显著降低，运行费用低，企业有较好的经济效益，其缺点是需要基于条件合理使用。

现将国内常用与正在发展的脱硫方法简述如下。

1.2.2.1   石灰-石膏法

在现有湿法烟气脱硫技术中，石灰-石膏法最为成熟，运行可靠性高，应用最为广泛，也是冶炼厂SO_2净化的常用工艺。石灰-石膏法采用石灰乳吸收烟气中的SO_2，生成亚硫酸钙（$CaSO_3·0.5H_2O$），亚硫酸钙再经氧化生成石膏，整个过程主要发生如下反应：

（1）石灰消化：$\quad CaO + H_2O = Ca(OH)_2$ （1-1）

（2）吸收：$\quad Ca(OH)_2 + SO_2 = CaSO_3·0.5H_2O + 0.5H_2O$ （1-2）

$CaSO_3·0.5H_2O + SO_2 + 0.5H_2O = Ca(HSO_3)_2$ （1-3）

（3）氧化：氧化过程主要是将吸收生成的$CaSO_3·0.5H_2O$氧化为$CaSO_4·2H_2O$。当烟气中氧含量较高时，SO_2吸收过程中会有大量氧化副反应产生：

$2CaSO_3·0.5H_2O + O_2 + 3H_2O = 2CaSO_4·2H_2O$ （1-4）

当烟气中存在烟尘时，烟气脱硫前除尘设备的选择极其重要，烟气中的烟尘采用湿法除尘工艺进行捕集，捕集后的粉尘进入石膏浆液，可以实现烟气粉尘的达标排放要求。若能将循环液pH值保持在8.0以上时，该法除尘和脱硫效率均可达 95% 以上，即使烟气中 SO_2 含量高达 12000 mg/m^3 也能实现达标排放，控制技术相对简单、稳定，系统阻力不超过 500 Pa。

石灰-石膏法脱硫工艺具有原料来源广、价格低、钙利用率高、脱硫率高等优点，但设备投资和运行费用大，水电耗量大、占地面积大，操作条件严格，运行中存在严重的堵塞现象，吸收剂用量及石膏渣产生量大，腐蚀严重，易造成二次污染，洗后烟气温度低、含湿量大，同时还需关注副产石膏的回收利用问题。

1.2.2.2 氨-硫铵法

作为一种碱性吸收剂，氨碱比钙基吸收性强，用氨吸收烟气中的 SO_2 具有反应速度快，吸收剂利用率高的优点，从而可显著降低脱硫塔尺寸。其工艺原理如下。[22]

(1) 吸收：烟气通入吸收塔与氨水或碱性母液相遇，二氧化硫与氨水或碱性母液发生反应，得到亚硫酸铵-亚硫酸氢铵溶液，反应式如下：

$$SO_2 + 2NH_3 + H_2O =\!=\!= (NH_4)_2SO_3 \qquad (1-5)$$

$$(NH_4)_2SO_3 + SO_2 + H_2O =\!=\!= 2(NH_4)HSO_3 \qquad (1-6)$$

以上两反应为主反应，其中亚硫酸铵对 SO_2 具有很好的吸收能力，是主要的吸收剂。由于亚硫酸铵-亚硫酸氢铵溶液不稳定，吸收过程还会发生以下副反应：

$$2(NH_4)_2SO_3 + O_2 =\!=\!= 2(NH_4)_2SO_4 \qquad (1-7)$$

$$2NH_4HSO_3 + O_2 =\!=\!= 2NH_3HSO_4 \qquad (1-8)$$

上述副反应对本工艺影响不太大，但若回收亚硫酸铵则会影响产品质量。

氨法脱硫在吸收塔内还附带吸收 SO_3，反应如下：

$$2NH_3 + SO_3 + H_2O =\!=\!= (NH_4)_2SO_4 \qquad (1-9)$$

烟气经二段氨吸收后，SO_2 浓度降至 100~200 mg/m^3，符合国家标准后放空。

(2) 硫铵制取：吸收过程循环吸收液中亚硫酸氢铵组分逐渐增加，而亚硫酸铵组分逐渐下降，吸收效率随之下降，因此除不断排出部分吸收液外，还需在循环槽内连续加入液氨或氨气，使吸收液再生，以保持吸收液中 $(NH_4)_2SO_3$/NH_4HSO_3 维持一定的比例，一般为 0.7~0.8，其反应如下：

$$NH_3 + NH_4HSO_3 =\!=\!= (NH_4)_2SO_3 \qquad (1-10)$$

在循环槽内的母液中通入液氨充分中和，使 NH_4HSO_3 全部变成 $(NH_4)_2SO_3$，然后在氧化塔内用空气使亚硫酸铵充分氧化成硫酸铵[23]，再经蒸发浓缩、冷却结晶、离心脱水等工序，得到符合质量要求的固体硫铵，经计量包装入库。

氨法烟气脱硫工艺脱硫效率高、无废渣、可副产化肥，缺点是对设备的耐腐蚀性高，高烟气温度时氨损失较多，氨的运输及储存要求较严格，氨气泄漏会造成恶臭、中毒等，同时需建设副产物加工设施，投资成本较高[24]。

1.2.2.3　双碱法

为了克服石灰-石膏法易结垢造成吸收系统堵塞的缺点，开发了双碱法。双碱法先用可溶性碱液（如 $NaOH$、Na_2CO_3、$NaHCO_3$ 等）的水溶液作为吸收剂吸收 SO_2，然后再用石灰（CaO）或其他碱性氧化物如氧化锌（ZnO）、氧化镁（MgO）对吸收液进行再生，由于在吸收和吸收液处理中，使用了多个类型的碱，故称为双碱法。双碱法吸收速度快，可降低液气比（L/G），从而减少运行费用；塔内钠碱清液吸收可大大降低出现结垢的情况；此外，纯碱循环利用，提高了脱硫剂的利用率[25]。

以 Na-Zn 双碱法烟气脱硫为例，该法以碳酸钠（$NaCO_3$）溶液为第一碱吸收烟气中的 SO_2，氧化锌作为第二碱处理吸收液，产品为硫酸锌。再生后的吸收液送回吸收塔循环使用。各步骤反应如下：

（1）吸收反应：过程使用钠碱作为吸收液，吸收系统不容易产生沉淀物。

$$Na_2CO_3 + SO_2 == Na_2SO_3 + CO_2 \tag{1-11}$$
$$2NaOH + SO_2 == Na_2SO_3 + H_2O \tag{1-12}$$

由于烟气中氧含量较高，易发生氧化副反应，反应如下：

$$2Na_2SO_3 + O_2 == 2Na_2SO_4 \tag{1-13}$$

（2）再生反应：用锌氧粉浆对吸收液进行再生：

$$ZnO + H_2O == Zn(OH)_2 \tag{1-14}$$
$$Na_2SO_3 + Zn(OH)_2 + 2.5H_2O == 2NaOH + ZnSO_3 \cdot 2.5H_2O \tag{1-15}$$
$$2NaHSO_3 + Zn(OH)_2 + 0.5H_2O == Na_2SO_3 + ZnSO_3 \cdot 2.5H_2O \tag{1-16}$$

再生后所得的 $NaOH$ 液送回吸收系统使用，得到亚硫酸锌产物经氧化可制得 $ZnSO_4$。

氧化生成硫酸锌，生成的硫酸锌溶液送回电锌系统。

$$ZnSO_3 \cdot 2.5H_2O + O_2 == ZnSO_4 + 2.5H_2O \tag{1-17}$$

双碱法烟气脱硫在铜冶炼环集烟气治理中曾得到应用[26]。根据企业具体情况，锅炉烟气脱硫常采用 Ca-Na 双碱法，回转窑烟气采用 Zn-Na 双碱法脱硫。两种工艺基本上相同，只是再生剂不同，可以互换。

双碱法烟气脱硫效率高，循环过程中吸收剂对管道及设备不产生腐蚀和堵塞；吸收剂的再生和脱硫渣的沉淀在吸收塔外完成，降低了塔内结垢概率，因此可用高效板式塔或填料塔代替目前广泛使用的喷淋塔，减小吸收塔的尺寸和操作液气比，降低脱硫成本；缺点是副产物 Na_2SO_4 较难再生，需不断向系统中加入 $NaOH$ 和 Na_2CO_3，运行成本高[27]。

1.2.2.4　双氧水法

双氧水法脱硫是将含有 0.5%~1% 的双氧水溶液喷淋到吸收塔中，烟气中的 SO_2 和 O_2 与双氧水溶液接触生成硫酸水溶液，水溶液呈酸性，反应如下：

$$SO_2 + H_2O \rightleftharpoons H_2SO_3 \tag{1-18}$$

亚硫酸水溶液具有极强的还原性，双氧水具有极强的氧化性，反应速度很快，将亚硫酸氧化为硫酸[28]，其反应如下：

$$H_2O_2 \rightleftharpoons H_2O + [O] \tag{1-19}$$

$$H_2SO_3 + [O] \rightleftharpoons H_2SO_4 \tag{1-20}$$

双氧水法吸收 SO_2 后生成浓度 30% 左右的稀硫酸，可作为浓酸调节用水。双氧水法脱硫绿色环保，在铜冶炼制酸尾气、环集烟气获得了较好的应用前景[22, 28, 29]。

1.2.2.5　矿浆法

我国矿产资源丰富，分布较广，大量研究表明锰矿浆、磷矿浆、赤泥浆等可脱除烟气中的 SO_2，脱硫效率达 90% 以上，脱硫后的矿浆可资源回收金属，如锰矿浆液可以制取一水硫酸锰和碳酸锰，还可副产品氢氧化铁作为炼铁原料。采用矿浆脱除烟气中二氧化硫，既可消除环境污染，又可资源化利用，同时，企业也获得了经济效益，是一个双赢的项目。

矿浆法烟气脱硫及资源化工艺是将一定颗粒大小的矿渣/尾矿与水等液体按照一定固液比混合，然后与烟气中 SO_2（体积浓度低于 2.5%）接触，利用酸碱中和、矿物金属离子酸性浸出、金属离子（Mn^{2+}、Zn^{2+}、Fe^{3+}）与 SO_2 液相催化氧化反应等，形成固态或液态混合物，固体混合物实现提纯或用于建筑材料等，液体混合物可分离金属组分等，实现烟气与低值矿物资源的有效利用。矿浆法烟气脱硫反应机理较为复杂，以铜渣尾矿矿浆法为例，铜渣尾矿与水形成吸收剂，总体包括如下机理：

烟气中的 SO_2 溶于水中生成亚硫酸，溶液呈酸性：

$$SO_2 + H_2O \rightleftharpoons H_2SO_3 \tag{1-21}$$

酸性条件下，铜渣尾矿中的 Fe_2SiO_4 与 SO_2 或亚硫酸在氧气的作用下发生反应：

$$Fe_2SiO_4 + 2H_2SO_3 + O_2 \rightleftharpoons 2FeSO_4 + H_4SiO_4 \tag{1-22}$$

$$H_4SiO_4 \rightleftharpoons H_2SiO_3 + H_2O \tag{1-23}$$

$$H_2SiO_3 \rightleftharpoons SiO_2 + H_2O \tag{1-24}$$

一方面，在实际吸收过程中，反应复杂得多，烟气中的 SO_2 除了与铜渣尾矿主要组分反应，还与微量矿物组分生成复合金属硫酸盐；另一方面，浸出的过渡金属离子与 SO_2 发生催化氧化反应。

（1）铜渣尾矿中 ZnO、CaO 等与 SO_2 发生副反应，生成硫酸盐：

$$2ZnO + 2H_2SO_3 + O_2 \rightleftharpoons 2ZnSO_4 + 2H_2O \tag{1-25}$$

$$2CaO + 2SO_2 + O_2 \rightleftharpoons 2CaSO_4 \downarrow \tag{1-26}$$

$$2MgO + 2SO_2 + O_2 \rightleftharpoons 2MgSO_4 \downarrow \tag{1-27}$$

$$2CuO + 2SO_2 + O_2 \Longrightarrow 2CuSO_4 \qquad (1-28)$$

$$Al_2O_3 + 3SO_2 + 1.5O_2 \Longrightarrow Al_2(SO_4)_3 \qquad (1-29)$$

多金属硫酸盐并存为液相中金属离子的选择性分离带来挑战。

（2）过渡金属 Fe^{2+} 与烟气中 SO_2 发生液相催化氧化反应：

$$2SO_2 + O_2 + 2H_2O \Longrightarrow 2H_2SO_4 \qquad (1-30)$$

$$Fe_3O_4 + H_2SO_4 \Longrightarrow FeSO_4 + Fe_2O_3 + H_2O \qquad (1-31)$$

本部分对比了不同湿法烟气脱硫方法的优缺点，如表1-4所示。由表可以发现，对于冶炼烟气，高效的矿浆法烟气脱硫是行业发展方向，可资源化利用，脱硫成本低廉。

表1-4　不同湿法烟气脱硫方法的对比

项目	钙法	氨法	双氧水法	矿浆法
脱硫剂	氧化钙、碳酸钙	氨水	双氧水	矿浆
适用范围	低浓度 SO_2	各种 SO_2 浓度	各种 SO_2 浓度	低浓度 SO_2
优点	脱硫效率较高；技术成熟，运行可靠；吸收剂资源丰富、易得	反应活性高、脱硫效率高；技术成熟，运行可靠；无固体废弃物排出	反应速度快，设备较小，流程短，投资省；对硫酸尾气更适用；清洁环保	投资少，以废治废；金属离子回收；低运行成本
缺点	占地面积大、初期投资大；含氟脱硫渣需设置防渗渣场；硫资源化难；运行费用较高；脱硫废水需处理	氨易逃逸，运输及储存、除雾要求高；冶金烟气中金属离子回收难度大	周边附近有双氧水产地的场合才能使用；除尘要求高；运行费用高	过程复杂，浆液回收技术要求高

1.2.3　铜冶炼烟气除砷技术现状

目前，烟气中 As_2O_3 的去除技术主要分为固相吸附和液相吸收。固相吸附是利用吸附技术将气相 As_2O_3 转化为颗粒态砷的原理，通过将吸附剂直接喷入烟气或将烟气经过装载吸附剂的固定床或流化床，实现对烟气中 As_2O_3 的捕集。固相吸附剂因其发达的孔隙结构、可同时吸附多种污染物、二次污染较少等诸多优点被广泛研究[30, 31]。在金属矿物中，砷和硫多为共存关系，富砷烟气中经常存在高浓度的 SO_2，SO_2 的存在常抑制了吸附剂对 As_2O_3 的吸附，故在含砷烟气制酸工艺中，固体吸附材料并不适用。

　　现有的从烟气中收砷的工艺主要有湿法和干法两种。湿法普遍采用稀酸洗涤法，高砷矿石经焙烧产生的烟气先经除尘，除去绝大部分粉尘后进入制酸净化工段，再用3%~20%的稀酸三级洗涤，之后制取浓硫酸。现有的湿法收砷工艺中，石灰中和法因其较好的除砷效果被广泛研究和应用。

　　干法收砷工艺是将350℃左右的高温含砷烟气经骤冷塔急冷处理，使烟气温度迅速降低到200℃左右（铜冶炼烟气工艺条件下，酸露点温度约为180℃），使As_2O_3气体冷凝结晶，然后通过布袋除尘器进行捕集，之后再送入制酸工段。在富氧底吹熔炼炼铜过程中，大部分砷以As_2O_3形式挥发进入熔炼烟气[32]，进入烟气的砷约占投料砷量的90%，这为采用干法从烟气中收砷提供了有利条件。利用As_2O_3在不同温度气体中的饱和量不同，当烟气温度急剧下降，采用干法骤冷收砷工艺回收烟气中的As_2O_3，实现砷的源头减量[33]。

1.3　铜冶炼含砷酸性废水处理技术现状

1.3.1　含砷酸性废水特点

　　含砷酸性废水通常是冶炼厂用稀酸洗涤烟气产生的废水[34]。通过火法冶炼、电解精炼等工艺，会产生大量含高浓度SO_2的烟气，经净化、除尘后才能送去制酸。在洗涤、净化过程中，烟尘中的重金属离子，如砷、铜、铅、镉以及氟、氯等杂质离子会随着烟尘进入硫酸洗液中。为避免这些杂质随酸洗液的循环而持续积累，需要定时排放，从而产生了含砷酸性废水[35]。其特点是pH值低，砷和其他重金属浓度高[35]。一般来说，含砷酸性废水中砷的浓度范围为0.5~3 g/L，在某些情况下，砷的浓度可高达10 g/L，主要以三价砷的形式存在[36]。除此之外，污酸中金属组分繁多、水质复杂、毒性高，与硫酸盐、氟、氯并存[37]。因此，污酸如果不经处理便被直接排入水体，会对人体健康和生态环境造成极大的危害[38-40]。为此，国家出台了相应的排放标准，例如《铜、镍、钴工业污染物排放标准（GB 25467—2010）》中严格规定外排水中砷的浓度不能超过0.5 mg/L，国家工业污水排放标准明确规定，废水中氟离子浓度不得高于10 mg/L[41, 42]。

1.3.2　含砷酸性废水处理技术现状

　　作为一类特殊的含砷酸性废水，污酸中含有大量重金属及有毒有害物质，目前已研究并应用了多种污酸处理技术，如吸附法[43]、化学沉淀法[44, 45]、离子交换法[46]、膜分离法[47]、生物法[48]等。表1-5为不同污酸处理工艺的优缺点对比。

表 1-5　不同污酸处理工艺对比

处理工艺	原理	优点	缺点	参考文献
吸附法	通过物理化学作用,将重金属吸附到吸附剂表面,从而去除	处理效果好,操作简单,工艺简单	吸附剂用量多,成本昂贵	[43]
硫化沉淀法	$Me^{2+} + S^{2-} \rightarrow MeS\downarrow$ $Na_2S + H_2SO_4 \rightarrow H_2S\uparrow + Na_2SO_4$ $3H_2S + 2H_3AsO_3 \rightarrow As_2S_3\downarrow + 6H_2O$	去除率高,产生渣量少,硫化物沉淀稳定性好、含水率低、易脱水,便于回收等	硫化剂有毒性、价格较贵,易产生剧毒硫化氢气体,造成污染	[49]
中和沉淀法	$Me^{2+} + 2OH^- \rightarrow Me(OH)_2\downarrow$ $2H_3AsO_3 + 3Ca(OH)_2 \rightarrow Ca_3(AsO_3)_2\downarrow + 6H_2O$	去除率高,设备简单,工艺流程短,对水质有较强的适应性等	产生中和渣量大,出水水质难达排放标准,适用于高浓度废水处理	[45]
离子交换法	利用离子交换树脂上的离子与污酸中的重金属离子发生交换进行分离	处理效果好处理容量大,出水水质高,装置简单、使用方便	树脂再生更换设备成本高,投资大,对原水质量要求较高	[46]
膜分离法	以某种推动力来使废水中的某些成分选择性透过	高效分离,选择性好,简单,过程无二次污染	需定期清洗更换膜组件,处理综合成本高	[50]
生物法	利用微生物的生命活动去除水中重金属	综合处理能力较强,成本低、二次污染少、运行简单	处理效果不稳定,处理水难以回用,功能菌反应速率慢	[48]

　　在上述方法中,有色冶炼行业中多使用化学沉淀法对含砷酸性废水进行处理,如石灰中和、硫化沉淀等,其主要原因在于化学沉淀法除砷效率较高,且成本较低。使用石灰中和沉淀砷时,向含砷酸性废水中加入石灰,调节浆液 pH 值至 12.5 左右,使溶液中的 Ca^{2+} 形成难溶化合物,并将亚砷酸盐和砷酸盐从混合物中分离出来,达到除砷的目的。石灰-铁盐法是当下应用广泛的含砷酸性废水处理方法[51-54],具体过程如图 1-2 所示。巫瑞中等[55]在进行石灰-铁盐法处理含

重金属和砷的工业废水研究中，发现当pH值控制在8.5~11，铜、铅、锌以及砷等杂质的去除率均达99.40%。石灰中和法因所需石灰原料来源广泛且成本较低，能够有效去除大部分重金属，操作简单等优点被广泛应用，但该工艺会产生大量的含砷及多种重金属元素的石膏废渣，该含砷石膏渣的现有产量大，处置难度高，暂无有效处理途径，只能通过建立专业堆存的场地进行堆存或填埋，给企业造成环保和经济双重负担的同时，易对环境造成二次污染。Wang 等[45]采用化学矿化-碱中和法，通过 $CaCl_2$ 对含砷酸性废水进行预处理，使其中部分金属矿化形成次生矿物沉淀，显著降低了后续中和处理的碱耗（从 164.2 g/L 降至 1.4 g/L）和污泥产率（从 328.1 g/L 降至 2.4 g/L）。所得矿物为施氏矿，其对亚砷酸盐的有效吸附容量可达 364.2 mg/g。

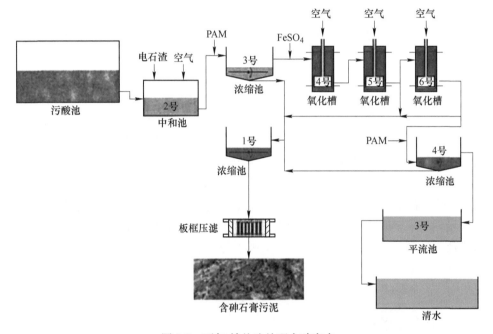

图 1-2　石灰-铁盐法处理含砷废水

含砷酸性废水中的重金属也可以通过硫化产生硫化物污泥被去除。通过传统硫化物（如 Na_2S、FeS）会将其他金属阳离子（Na^+ 和 Fe^{2+}）引入溶液中，可能影响硫酸的循环使用。Peng 等研究了新型硫化剂五硫化二磷（P_2S_5）对高浓度酸性废水中砷的去除效果。结果表明，当 S/As 摩尔比 = 2.5:1 时，该硫化剂的除砷效率高达 99.2%。同时，其处理成本较低，以含有 100 mg/L As（Ⅲ）的酸性废水为例，P_2S_5 成本估计为 0.626 美元/m^3。硫化法是一种现行有效处理高含量重金属污酸的技术方法，易求实等[56]经过实验室、现场扩大试验及工业规模试验研究和验证，采用间歇工艺的高效硫化回收技术，可使砷净化率和回收率高达 99.9%，该方法需严格控制硫化剂的投入量与投加方式，投入量过大或投加方式不合理均会增加硫化剂的用量，增加处理成本，同时产生大量 H_2S 气体，造成二次污染。

除中和沉淀和硫化沉淀外，也有研究采用其他沉淀方法处理污酸。Li 等[57]以褐铁矿为沉淀剂，在 90 ℃、褐铁矿投入量为 Fe/As 摩尔比 = 4 : 1、pH = 1.5的条件下，污酸中 99.6% 的砷都能够结晶成为稳定的臭葱石。新鲜褐铁矿对砷还具有高砷的吸附性，经沉淀过滤得到的滤液中残留砷浓度可进一步降至 0.1 mg/L。袁松等[58]采用高压合成臭葱石法高效分离与稳定固砷，最佳条件为初始铁砷摩尔比 1.2，pH 值 0.4，初始铜离子浓度 9 g/L，总压 0.8 MPa、温度 160 ℃，反应2 h。但值得注意的是，尽管这些方法能够将酸性废水中的砷有效去除且成本较低，但由于亚砷酸钙、砷酸钙和硫化砷等砷化合物稳定性差，从上述工艺排放的含砷固体废物的砷浸出毒性仍然很高[59]，在运输和储存过程中应特别注意防止二次污染。

此外，多种方法进行联用去除重金属方法得到不断发展，如硫化+石膏+中和法（如图 1-3 所示）、硫化+中和法（如图 1-4 所示），其中硫化工序常用的硫化剂有硫化钠、硫氢化钠、硫化亚铁、硫化氢等，利用硫化物与污酸中的重金属离子生成难溶的沉淀物并经沉淀除去，反应过程复杂，常涉及多相，一般为间歇式。虽然多法联用能够高效处理污酸，脱砷效率通常在 96%~98%，但也存在很多缺点，如：（1）硫化药剂价格较高，从而污酸处理的运行成本较高；（2）过程不易控制，通常需要过量投加硫化钠或硫氢化钠，且硫化钠或硫氢化钠含大量杂质，会引入大量钠离子至废水中，容易形成结晶并造成管道设备堵塞或腐蚀，增加了废水零排放的处理成本；（3）硫化工序除砷性能有限，造成后续中和工序产出较多的中和渣，如图 1-3 和图 1-4 所示[60]。

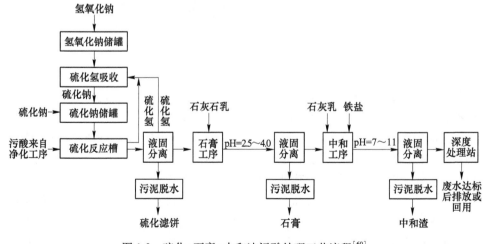

图 1-3 硫化+石膏+中和法污酸处理工艺流程[60]

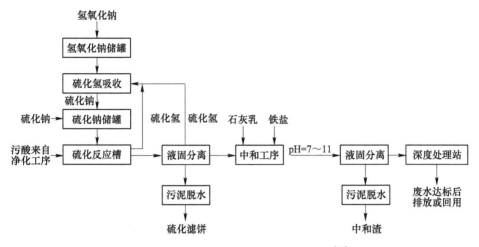

图 1-4　硫化+中和法污酸处理工艺流程[60]

1.4　铜冶炼固体废弃物处置技术现状

在铜冶炼过程中会产生大量固体废物,包括铜渣尾矿、铜冶炼烟尘、硫化砷渣、烟气脱硫石膏、中和渣等。铜冶炼固废种类繁多,性质差异显著,按照危害属性,可分为一般固废和危险废物,处理难度不同。以下就几种常见的难处置铜冶炼固废的特性及处置方法展开介绍。

1.4.1　铜冶炼固体废弃物特点

1.4.1.1　铜渣尾矿

铜渣尾矿是铜冶炼过程中铜锍渣经浮选提铜后最终产生的工业固体废渣,它是将缓冷后的炉渣,经粉碎后用球磨机粉磨成 200 目的粒度,借助炉渣中的硫化亚铜晶体和金属铜颗粒与炉渣组分表面物理性质的差异或加入浮选剂,再用浮选法将其分离提取铜后产生的炉渣。从广义上看,铜渣尾矿是一种"人造矿石",其中常含有 Fe、Zn、Ca、Si、Ag 等杂质或有价资源,比较有代表性的组成如表 1-6 所示。大量的铜渣尾矿由于难以有效利用而堆存在渣场,既占用土地又污染环境,还造成巨大的资源浪费。铜渣尾矿组分受原矿品位、工艺等影响,总体含(质量分数)Fe:35%~45%,SiO_2:14%~30%,Zn:1%~2%,Cu<0.3%,此外,还含(质量分数)有 CaO:3.4%,MgO:2.2% 等碱性物质,铜渣尾矿中铁的物相组成主要为铁橄榄石(Fe_2SiO_4)和磁性氧化铁(Fe_3O_4),Fe_3O_4 占渣中总铁量的 30% 左右,锌主要以铁酸锌($ZnO \cdot Fe_2O_3$)的形式存在,铜主要以微量的硫化铜形式存在。

表1-6　铜渣尾矿（浮选后）主要化学组成　　　（质量分数,%）

地区	Fe	Zn	Ca	Cu	Al	Co	As	Pb	S	SiO$_2$
贵溪	38.34	1.2	0.67	0.27	—	—	—	—	0.23	14.95
云锡	37.54	2.17	2.82	0.18	1.77	—	0.12	0.21	0.22	31.59
赤峰	38.25	2.45	1.59	0.31	3.05	—	0.07	0.50	0.34	31.80

1.4.1.2　铜冶炼烟尘

铜冶炼烟尘是硫化铜精矿在炼铜熔炼和吹炼阶段过程产生的固废。图 1-5 示意了铜冶炼过程烟尘的工艺来源及底吹熔炼和闪速熔炼两种典型铜冶炼工艺下烟尘的来源。

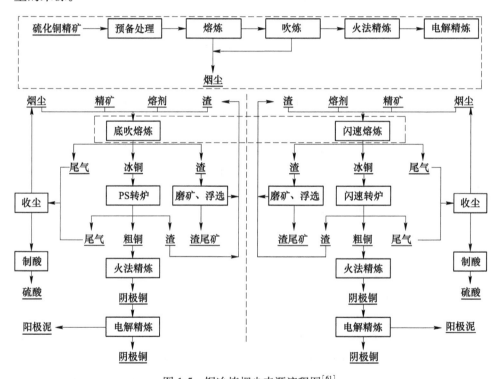

图 1-5　铜冶炼烟尘来源流程图[61]

铜冶炼烟尘呈灰白色，密度在 3.5～4.5 t/m³，粒径较细，其中 90% 小于 40 μm（如图 1-6（a），（b）所示）[62]。铜冶炼烟尘主要含锌、铅、铜等金属元素及砷、锑、铋、硫等易挥发性元素，同时常含少量未反应的溶剂颗粒与未沉淀至渣层的冰铜/渣液滴[63]。铜冶炼烟尘中含有的主要重金属元素有 Pb、Bi、Zn、As、Cd、Sn、Cu 和 Fe[11]，含量依次降低；不同工艺下典型铜冶炼烟尘的元素含量存在差异，其中砷含量在 4%～30%，铜含量在 0.103%～12.68%，锌含量在

2.21%~8.14%，具体受冶炼工艺、原矿品质影响[61]。

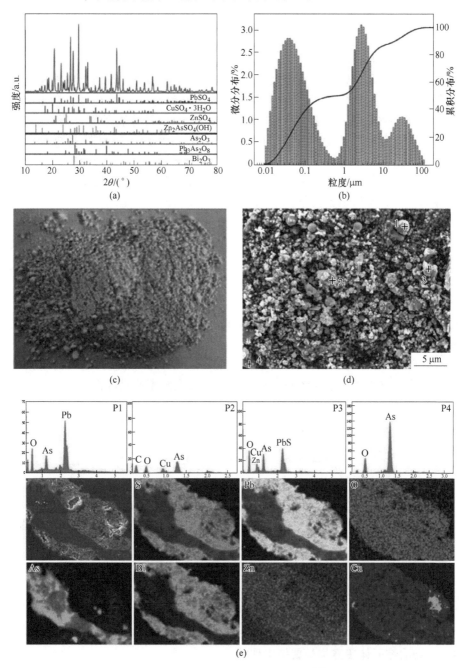

图 1-6　铜冶炼烟尘物化参数表征[64]

（a）物相；（b）粒径分布；（c），（d）表面形貌及能谱

热化学性质[64]表明 As$_2$O$_3$ 和 As$_2$O$_5$ 在 500 ℃附近完全分解，CuSO$_4$、PbSO$_4$ 和 ZnSO$_4$ 等金属硫酸盐在 639.7~823 ℃分解，为焙烧铜冶炼烟尘回收金属资源提供了理论参考。

1.4.1.3 砷石膏渣

砷石膏渣又名砷钙渣，主要来源于冶炼烟气脱硫和使用石灰、铁盐法处理含砷污酸的产物。据估计，年产 10 万吨铜冶炼厂配套的石灰-铁盐法工艺年产石膏渣约 1 万吨，由此中国铜冶炼行业每年要产生 100 万吨左右的含砷石膏渣污泥，而整个中国有色冶炼行业，历年堆存的含砷废料已达数千万吨[65]。含砷石膏渣可对大气、土壤和水源构成不同程度的污染。若露天堆放会使其在大气中扩散；一旦遇到降雨或其他地质灾害，重金属离子溶出后随雨水迁移污染水源[66-70]。长期堆存的含砷石膏渣也会污染土壤或耕地，间接危害人类健康[71]。

1.4.1.4 硫化砷渣

硫化砷渣主要来源于含砷的有色金属的开采、选矿、冶炼工段，是含砷浆液硫化反应形成的固废，主要过程可用图 1-7 表示。我国每年新产生的含砷废渣产量 50 余万吨（截至 2019 年存量约 200 万吨）[72]。硫化砷渣中的 As 主要是以 As$_2$S$_3$ 形式存在，呈柠檬黄色。由于 As$_2$S$_3$ 在 220 ℃的真空中开始升华，到 240 ℃即可全部挥发，常温下不导电，不溶于盐酸、硫酸，可溶于浓硝酸和易溶于碱[73]。根据《危险废物鉴别标准腐蚀性鉴别标准》（GB 5085.1—2007）规定，硫化砷渣是具有强烈腐蚀性的危险废物[74]。若不对其进行处理而直接堆放在室外，会迁移进入生态系统对环境、人类生活及健康造成危害。

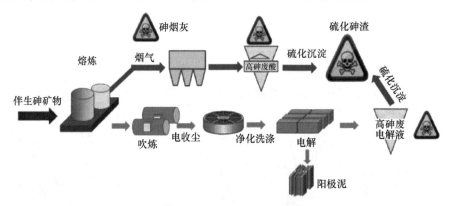

图 1-7 硫化砷渣产生过程

1.4.2 铜冶炼固体废弃物处置技术现状

1.4.2.1 铜渣尾矿处置现状

铜渣尾矿具有数量大、粒度细、成分复杂、富含金属离子等特点，大量尾矿多堆放在尾矿库，存在一定安全和环境隐患。当前，铜渣尾矿综合利用思路总体可分为两类：一类是利用铜渣尾矿的物理性质，如硬度等；另一类是基于铜渣尾矿的某些组分，如铜渣尾矿中富含的铁离子。总体，铜渣尾矿主要用于水泥制造业及矿微粉、采矿业自重作填充料、铸石生产、筑路路基和道渣及资源环境领域等方面。

（1）水泥制造业及矿微粉。铜渣尾矿含有铁、硅等元素，可以代替铁粉作为矿化剂、铁质校正剂生产硅酸盐水泥熟料或水泥。研究表明以炼铜水淬渣为主要原料，掺入少量激发剂（石膏和水泥熟料）和其他材料细磨可得水泥。相比其他品种水泥，其具有后期强度高、水化热低、收缩率小、抗冻性能好、耐腐蚀和耐磨损等特点，符合相应国家标准[75]。硅酸盐矿物基水泥生产工艺简单，可节省投资50%，降低能耗50%。系列产品适用于抹灰砂浆、低标号混凝土及空心小型砌块等制品。水淬渣水泥厂投资少，如建一座年产1万平方米（约134万块）的空心小砌块厂，约需投资18万元，每年可获利30万元，利用水淬渣2万多吨[76]。类似研究为铜渣尾矿用于水泥生产提供借鉴，但由于其他类似固废的大量存在，总体需求有限。谌宏海等[77]采用铜渣尾矿制备矿微粉，为铜渣尾矿的资源化利用提供了新途径。

（2）采矿业自重作填充料。在采矿胶结填充中，铜渣既可代替黄砂作骨料，又可经过细磨后代替硅酸盐水泥作为活性材料。相关成果在大冶铜绿山矿和铜陵金口岭等矿山均有应用[76]，为铜渣尾矿的利用提供了参考。

（3）铸石生产。铸石为一类硅酸盐结晶材料，一般是将玄武岩、辉绿岩等为原料熔化成玻璃体后浇铸成制品，经结晶退火等工序制成。铸石具有耐磨、耐腐蚀、绝缘、高硬度、高抗压等性能，可代替金属、合金及橡胶制品使用。铜渣尾矿化学成分与铸石相近，但含铁量高，可先经磁选分离铁，然后对非磁性部分加入适当附加剂作为生产铸石的原料。我国的沈阳冶炼厂、白银有色集团股份有限公司、黄石石灰厂等厂家已有利用类似矿物生产铸石案例。

（4）筑路路基和道渣。依据铜渣尾矿自身理化特性的优势，常将胶结材料与铜渣尾矿掺配后应用于道路路基。这种路基不仅力学强度较强、水稳定性较好，而且施工操作方便，受雨水浸蚀不会翻浆，板体性强，特别适用于多雨潮湿的南方地区，用其铺设的道床具有渗水快、不腐蚀枕木、道床不长草、成本低等优点[76, 78]。

下面列举了国内主要铜冶炼企业对铜渣尾矿的处理情况。

1）紫金铜业有限公司年产铜渣尾矿 $60 \times 10^4 \sim 70 \times 10^4$ t，含铜0.27%，主要出售至周边水泥厂，其中龙岩市为福建省水泥生产基地，尾矿消纳能力较大[79]。

2）广西金川有色公司年产 40×10^4 t 阴极铜，铜渣尾矿主要通过中间商销往水泥厂，中间商在建磁选提铁项目，目前已堆存约 60×10^4 t，亟待处理[79]。

3）阳谷祥光铜业公司约年产铜渣尾矿 $120×10^4$ t，销售给其他公司进一步选铁后，约 1/3 含铁大于 60% 的直接销售给钢铁厂，约 1/3 含铁 50% 左右的经配混销售给钢铁厂，剩下 1/3 含铁低的销售给水泥厂。总体，铜渣尾矿基本无堆存[79]。此外，铜渣尾矿磁选回收铁后尾渣用于建材有利于促进尾矿综合利用潜能[80]。

（5）资源环境领域。铜渣尾矿的资源高效利用研究主要集中于回收有价金属、开发地聚物材料、设计环境矿物材料等。近些年来，由于环境催化的大力发展，铜渣尾矿及类似矿物因富含铁离子被用于苯酚水降解[81]、燃煤烟气脱汞[82]、光催化[83]、CO_2 固定[84]、化学链气化[85]等。结合其矿物特性和加工过程原理，发现其可作为理想的催化氧化脱硫剂使用，对于低浓度 SO_2 具有较好的脱除效果[86]；此外，铜渣尾矿可以作为原位铁供应体，实现污酸中砷的固定[87]。矿物应用于环境催化法过程中，需关注矿物元素分布及赋存形态。

目前，铜渣尾矿资源利用应用前景很广，但其有着自身需要克服的困难，最大难点在于[76]：渣尾矿结构和组成复杂，不利于选矿和浸出等工艺。例如，新疆某一铜渣尾矿中含铜矿物单体解离度较差，需要分段磨矿与选出[88]；尾矿中铁含量高达 46%，分布在橄榄石和磁性氧化铁两相中，而可选的磁性氧化铁矿物太少，且两者互相嵌布，粒度均较小，使磁选过程很难进行，所得铁精矿产率低、含硅量严重偏高、成本高、质量差，无法使用[89]。此外，炉渣的矿物冶金学理论研究工作不够深入。虽然铜渣尾矿的综合利用得到广泛研究，但基本热力学参数、放大实验及形成工业化生产规模的工艺仍待进一步开发研究。

1.4.2.2　铜冶炼烟尘处理现状

由于铜冶炼烟尘中常含较高含量（高达 40%）的铜，传统上常将其配矿返回至熔炼炉中，虽然该方法能回收铜，但其不仅会导致冰铜中含有挥发性重金属，影响阴极铜品质，还会造成砷在冶炼过程富集，导致冶炼烟气制酸催化剂中毒，影响制酸工艺顺利运行。因此，亟待开发铜冶炼烟尘高效清洁资源化利用工艺，从而降低烟尘中有害金属对环境的污染，并实现金属资源的回收利用，促进环境保护与循环经济[90, 91]。

基于矿物不同组分蒸汽压、矿物结构解离特性的差异，铜冶炼烟尘中金属离子分离与回收方法主要分为火法、湿法、湿法-火法联合工艺等[92, 93]。火法工艺主要有回转窑焙烧、还原熔炼，其砷的去除率受烟尘性质的影响，且回收率有限；湿法工艺主要有酸浸、氯化浸出、高压氧浸、加压碱浸等。受原料、工艺技术等影响，各厂家在选择工艺时，通常根据烟尘的成分及主体工艺的性质进行设计，至今尚无一个较完善和适应性广的通用方法。但砷的无害化、减量化处理技术已成为铜冶炼烟尘处理的核心，目前已有厂家结合砷滤饼及冶炼含砷废物协同处置烟尘，通过烟气还原沉砷转化，将系统中砷转化成 As_2O_3 开路，实现有价金属物料"吃干榨净"。现将铜冶炼烟尘中的重金属处置方法总结如下。

A 火法

根据烟尘中砷的迁移与转化特性,火法处理铜冶炼烟尘可分为固化焙烧法、三氧化二砷挥发法等[94]。固化焙烧过程烟尘中砷不挥发,而以砷酸钙、砷酸铁或固熔体等形式固定在渣中[94]。三氧化二砷挥发法利用砷及其氧化物具有大的蒸气压(在温度为 300 ~ 500 ℃ 时挥发性较高),将烟尘中砷与有价金属化合物有效分离,冷却凝结后获得含砷化合物和二次烟尘[64]。矿物中砷转化为三价砷是火法分离烟尘中金属的关键,然而含砷烟尘,特别是一次烟尘,含有较多砷酸锌、砷酸铅等化合物,仅靠加热无法使砷高效脱除,还需在焙烧过程添加还原剂等,使烟尘中的五价砷还原为三价砷或单质砷,进一步促进挥发。由于固化焙烧法易造成铜、铅等金属的损失,且处理渣量大,本部分重点介绍三氧化二砷挥发法。

当烟尘中砷元素以 As_2O_3 存在时可直接挥发进入二次烟尘。此外,氧化焙烧可加速烟尘中硫化物的氧化,促进烟尘中铜和其他金属的回收[94]。为了实现烟尘中砷与其他金属元素的选择性分离,李学鹏等[95]探究了低温焙烧下烟尘中砷的分离性能,发现在 250 ℃,N_2 流量 300 mL/min,焙烧 120 min,砷的挥发率达 95.68%,挥发后含砷产物主要为 As_2O_3,且该过程受内扩散控制。矿物结构、焙烧时间和温度是影响氧化焙烧过程 Cu、Zn 等金属迁移、转化的关键因素,如 $CuSO_4$、$ZnSO_4$ 等易在高温下分解成 CuO 和 ZnO 并产生 SO_2,形成的 ZnO 又与 Fe_2O_3 形成 $ZnFe_2O_4$,此外,部分硫化矿可与硫酸盐形成金属单质,如反应式(1-32)至反应式(1-34)所示[96]。Xing 等[97]针对含砷固废,基于 $AsCl_3$ 沸点低于 As_2O_3,以 $FeCl_3$ 作为氯化剂,采用选择性氯化和低温焙烧脱除固废中砷,但其机理仍待深入研究。

$$2MSO_4 \rightleftharpoons 2MO + O_2 + 2SO_2 \quad (M \text{ 表示 } Zn、Cu) \quad (1-32)$$

$$ZnO + Fe_2O_3 \rightleftharpoons ZnFe_2O_4 \quad (1-33)$$

$$PbS + PbSO_4 \rightleftharpoons 2Pb + 2SO_2 \quad (1-34)$$

此外,当烟尘中砷元素以 As_2O_5、砷酸盐存在时,直接焙烧砷挥发率不高,需采用碳或硫化剂等还原焙烧分离烟尘中砷[98]。Gao 等[99]基于铜冶炼烟尘中铜、锌熔点差异,采用碳热还原在 1473 K 将锌氧化物还原成锌后冷凝回收,并结合超重力回收铜,所得锌、铜纯度达 98.57%、99.99%,回收率达 99.94%、98.86%。为了同时净化铜冶炼烟尘中不同形态的砷,Chen 等[100]针对高砷铜冶炼烟尘,以硫铁矿为添加剂在 550 ℃ 实现砷的挥发,原因主要为当温度高于 460 ℃ 时,在硫化矿的作用下,砷酸盐转变为易挥发的 As_2O_3。Zhang 等[64, 101]基于以废治废思路,首次在还原焙烧过程加入 H_2SO_4,实现铜冶炼烟尘中砷酸盐($Pb_3(AsO_4)_2$、$Zn_3(AsO_4)_2$、$Cu_3(AsO_4)_2$)的还原与硫化砷渣(As_2S_3)的同步氧化，并冷凝回收 As_2O_3，此外详细分析了其反应机理[64]；当焙烧过程硫酸与碳并存时，需要注意的是，该体系需要避免 SO_2 污染。Shi 等[102]采用真空碳热还原-硫化焙烧工艺脱除铜冶炼烟尘中砷，并分析了过程中砷的演变行为，机理如图 1-8 所示。Che 等[103]基于金属离子与硫的亲和性，以冶炼污酸为添加剂，采用低温焙烧-高温还原两步火法处理铜冶炼烟尘后，砷以白砷分离，铅、铋以合金回收，铜以冰铜富集，实现铜冶炼烟尘与污酸的协同处理。

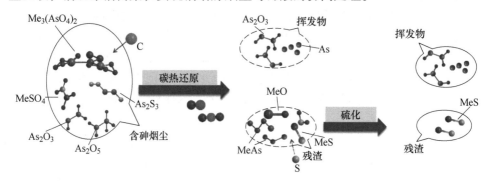

图 1-8　含砷烟尘焙烧过程砷转变流程示意图[96]

B　湿法

近年来，湿法浸出由于有害气体排放量少、能耗低、金属选择性高，被认为更适合含砷物料的加工[104]。根据浸出剂类型分为酸性浸出、碱性浸出等。

Morales 等[105]研究发现水浸铜冶炼烟尘过程为放热反应，浸出液主要为 $CuSO_4$、$ZnSO_4$ 和少量的 As_2O_3，相比直接酸浸，水浸渣在酸性介质中铜、砷、锌的浸出率增加；同时，浸出渣经旋流器分级可初步分离铜、砷，但分离性能待提升；此外，该团队发现将酸性浸出后烟尘与造纸厂共同化过程污泥混合可实现两种固废的固化，为多种固废的综合处置提供了借鉴。黄家全等[106]对比了水、硫酸、混酸（硫酸与盐酸）对铜冶炼白烟尘的浸出性能，发现即使采用水浸，烟尘中砷、镉浸出率仍可达 60%，进一步表明烟尘具有强的环境危害性；采用硫酸浸出时，铜、砷、镉、铁的浸出率显著提高，同时，在 Cl^- 存在下，砷、镉、铁浸出率会进一步提高，而设备易腐蚀，且铅、铋溶解浸出，不利于浸出渣回收铅、铋，因此，浸出剂优先采用硫酸。Alice 等[5]探究了含砷铜冶炼烟尘的矿物学特性及在不同 pH 值下的浸出行为，发现矿物结构及浸出 pH 值对金属离子浸出影响较大[107]：含砷矿物中 $Pb_5(AsO_4)_3Cl$、$PbCu(AsO_4)(OH)$、$CaCu(AsO_4)(OH)$ 中砷在偏碱性环境下浸出率最低，Cd、Cu 与 Zn 浸出率和 pH 具有明显的 U 形变化趋势，在 pH 值接近 3 时浸出率最高，pH 值在 9 附近时浸出率最低，Bi 的浸出与 pH 值无关；此外，在中性/碱性条件下，新生态 Ca-Pb 砷酸盐控制了部分砷及其他污染物的释放，为相关冶炼污染物的归趋及固化提供了基础。Zheng 等[108]

从热力学分析了酸性条件下铜冶炼烟尘中Fe、Zn、Cu、As等元素的浸出与转化特性，发现通过液相体系调控pH，可使铁、砷共沉淀，且铜、锌损失率低，为铜冶炼烟尘、冶炼污酸的同时净化与分离提供理论基础。为了减少浸出过程中酸的使用，铜电解废液[109]、铜冶炼污酸[110]不断被开发用于浸出烟尘，同时降低了电解废液中铜、镍的回收能耗，为铜冶炼行业以废治废提供基础参考。

近年来，由于砷酸盐的溶解度常大于亚砷酸盐的溶解度，氧化浸出与加压浸出得到关注。空气氧化[111]、氧压浸出[112]、H_2O_2氧化浸出[113]、电化学高级氧化原理[114]等强化浸出方式不断被开发。Liu等[115]以H_2O_2作为氧化剂并通过控制氧化剂速度调控氧化电位，最佳条件（H_2O_2剂量0.8 mL/g，添加速度1.0 mL/min，初始H_2SO_4浓度1.0 mol/L，浸出温度80 ℃，浸出时间2 h）下铜、砷、铁的浸出率分别达95.27%、96.82%和46.65%。Sabzezari等[116]以微波辅助酸性浸出铜冶炼烟尘，发现采用微波可使铜冶炼烟尘中铜浸出率从69.83%提升至80.88%，但微波功率、氧化剂HNO_3量对浸出影响较小。

工业生产中多采用硫酸浸出烟尘，浸出液成分复杂，浸出液中金属离子的高效分离是湿法处理铜冶炼烟尘的关键，如图1-9[117]所示，核心在于砷的去除与

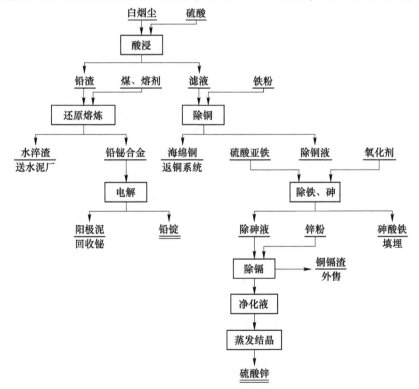

图1-9　白烟尘湿法回收典型工艺[117]

锌、铜等有价金属的回收。除硫酸浸出外，Xue 等[118]提出采用盐酸浸出-还原-蒸馏路径，分步分离含砷铜烟尘中砷、锑，最佳浸出条件为初始 HCl 浓度 4.0 mol/L，固液比 6:1，浸出温度 90 ℃，浸出时间 2 h，砷、锑的浸出率分别达 97.5% 和 96.8%，砷的浸出率高于锑主要是由于从浸出热力学分析，砷优先浸出；随后采用 NaH_2PO_2 在 90 ℃反应 1.5 h 将 92.5% 的 As^{3+} 还原为低毒性 As；进一步，基于组分沸点差异，在 190~200 ℃蒸馏回收 $SbCl_3$、HCl。

为了避免烟尘中其他有价金属的浸出，开发铵溶液（NH_4Cl、$(NH_4)_2CO_3$ 等）[119]被开发用于铜冶炼烟尘中铜浸出，铜与铵结合形成铜铵溶液，并经萃取或置换回收铜，该工艺不足在于其对铜冶炼烟尘中硫化铜浸出率低；研究发现采用 NaOH-S 体系[120]选择性浸出烟尘中砷，元素硫可防止烟尘中铅、锑的浸出。利用砷碱高效分离原理[121]，以 $NaOH-Na_2S$ 溶液为浸出剂[122]，研究发现砷的浸出受扩散控制，浸出率达 80%，并提出采用砷酸镁铵（$NH_4MgAsO_4 \cdot 6H_2O$）分离碱性溶液中砷，该工艺不仅经济安全，还可实现废水清洁回用，为含砷固废的处置提供了可行方案。此外，非常规冶金技术不能发展并用于铜冶炼烟尘，Guo 等发现以微波辅助碱性浸出铜冶炼烟尘[123]、球磨与碱性浸出处理铜冶炼烟尘[124]可提高烟尘中砷的浸出，当微波存在时浸出时间从 90 min 降至 10 min，且浸出剂耗量减半，砷浸出率从 86% 增至 98%，主要原因为一方面微波促进了烟尘中砷的快速氧化；另一方面，微波使烟尘表面形成裂缝，协同热效应，显著提升了砷的浸出，降低反应活化能。同时，球磨降低了烟尘粒径并增加了其比表面，降低浸出反应活化能（约 7 kJ/mol）促进其浸出；此外，烟尘中 As^{5+} 还原为 As^{3+}，同时，机械活化促进了解离的溶解砷和结合砷从硫酸盐矿物中浸出。碱性体系浸出工艺成本相对较高，砷以砷酸根形式进入溶液，需进行转化回收，步骤较为复杂。

结合矿物结构特性，采用酸碱复合浸出铜冶炼烟尘中金属成为一种新途径。Guo 等[125]以 $NaOH-Na_2S$ 溶液选择性浸出铜渣冶炼高炉烟尘中砷，Sb 和 Pb 以 $NaSb(OH)_6$ 和 PbS 沉淀在渣中，液相中砷经氧化沉淀后再经酸性溶解、浓缩结晶得到 As_2O_3，实现了烟尘中砷的资源化回收，但流程长、能耗高。Wang 等[126]结合酸性浸出与碱性浸出，浸出烟尘中铜、砷并制备砷酸铜。Liu 等[127]针对 Cd-As-Pb 烟尘，采用 H_2O_2 浸出，Cd-As 共沉淀，沉淀渣分步固砷回收镉，为多金属固废的综合处置提供理论基础。Zhang 等[128]针对含砷烟尘经碱性浸出除砷后，再采用中性-酸性两级浸出，烟尘中 Zn、Cu 浸出率达 98.4%、96.01%，浸出后渣可进一步回收 Pb、Bi；此外，建立了锌、铜、铁、砷离子间浸出行为关系。Zhang 等[129]研究了两级逆流碱性浸出—一级酸性浸出工艺对高砷烟尘中砷、铜、锌的浸出行为，发现超过 95.5% 的砷从烟尘中浸出。

针对典型铜冶炼烟尘，湿法回收方法总体思路如图 1-10 所示。表 1-7 对比了不同反应条件下铜、锌、砷等金属浸出性能。

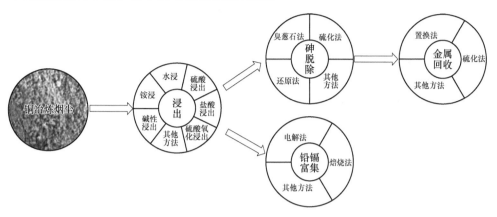

图 1-10　铜冶炼烟尘湿法回收工艺流程

表 1-7　不同工艺下铜冶炼烟尘中金属回收性能对比

矿物	反应条件	性能	文献
熔池熔炼烟尘	硫酸初始浓度 100 g/L，液固比 3~4，室温浸出 1 h	铜、锌、砷、镉的浸出率达 99%、98.5%、85% 和 90%	[130]
铜冶炼烟尘	H_2O_2 0.8 mL/g，H_2O_2 添加速度 1.0 mL/min，H_2SO_4 1 mol/L，HCl 1 mol/L，液固比 5，80 ℃ 浸出 1.5 h	铜、砷、铁的浸出率达 95.27%、96.82% 和 46.65%	[115]
铜冶炼开路烟尘	H_2SO_4 含量 2 mol/L，液固比 4，搅拌转速 300 r/min，80 ℃ 浸出 2 h	铜、锌、砷、镉的浸出率为 99.3%、99.8%、92.1% 和 99.2%	[131]
底吹熔炼烟尘	污酸（H_2SO_4 含量 306 g/L），液固比 4，搅拌转速 300 r/min，50 ℃ 浸出 2 h	铜、锌、砷、镉、铅、铋的浸出率为 99%、100%、91%、100%、0.2% 和 1.1%	[132]
高砷铜烟尘	硫酸 30 mL/L，30% H_2O_2 67 mL/L，液固比 3，85 ℃ 浸出 3 h	铜、锌、砷、铋的浸出率为 96.11%、97.32%、97.39%、2.40%	[133]
高砷烟尘	3.0 mol/L NaOH，10 g/L S，液固比 6，搅拌转速 400 r/min，95 ℃ 浸出 2 h	砷的浸出率达 99.37%，浸出渣中 Sb、Zn、Pb 的残留率为 98.39%、99.74%、99.91%	[120]

　　为了实现资源高效回收，湿法-火法联合有望共同充分发挥两者优势[134]。张晓峰等[135]探究了焙烧对高砷白烟尘中铜浸出的影响，发现焙烧温度在 600 ℃ 左右时，硫化物基本被破坏，将烟尘在 500 ℃ 焙烧 1 h，能回收 95% 的 As_2O_3，随后采用 1 mol/L 的硫酸酸浸，铜的浸出率高达 98%，Priya 等[136]结合硫酸化焙烧-水

浸-电积实现烟尘中铜的高效回收。Chen 等[137]探究了低温硫酸化焙烧、水浸和机械化学还原组合工艺对再生铜冶炼烟尘中铜、锌、镉与铅的回收性能，为含硫酸铅固废的非强酸/碱和高温处理提供新参考。云南铜业公司针对艾萨炉烟尘和转炉烟尘混合烟尘白烟尘，采用湿法-火法结合处理工艺，工艺路线如图 1-11 所示，湿法处理工艺采用常压硫酸浸出白烟尘，处理回收铜、锌、砷，火法处理工艺采用富氧侧吹炉处理浸出渣，回收锡、铅和铋。

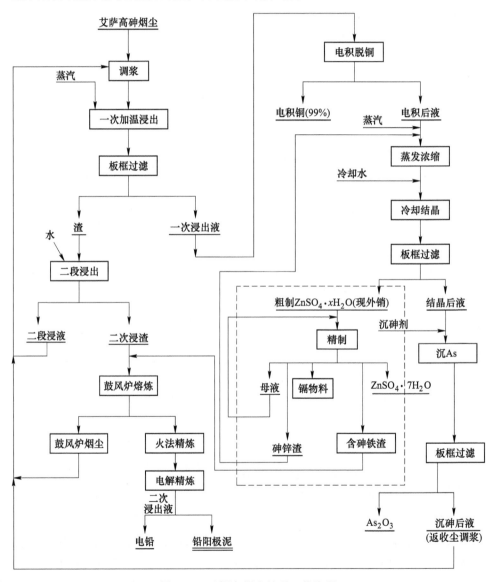

图 1-11 云铜白烟尘处理工艺流程

1.4.2.3 石膏渣处理现状

固化处理是一种利用物理-化学方法将危险废弃物掺合并包裹在密实的惰性材料中，从而稳定危险废弃物的方法。常见的固化方法旨在降低固体特定组分在液体中的溶解度，主要包括两类：一类是使其化学转变或将危险废弃物引入某种稳定的晶格中，使重金属元素作为溶质原子溶入某固体溶剂的晶格点阵中，形成代位、缺位或间隙固溶体[138]，减少固液两相的接触面积；另一类是使用惰性材料将重金属等危险废弃物物理包裹起来。

目前，行业内使用最多的固化技术主要是水泥固化、药剂固化和玻璃固化。李辕成等[139]确定了实验室条件下水泥固化含砷石膏渣过程包括水灰比、添加剂、成型压力、养护条件等工艺参数，为工业化制造免烧砖提供了合适的工艺参数；阮福辉等[140]确定了稳定药剂、药剂投加量、反应时间、pH 值及温度等对砷固化效果的影响；钟勇等[141]指出三价砷和五价砷均随 pH 值的升高逐渐由分子态转化为离子态，并且总砷去除率随着 pH 值的升高而增加。将含砷石膏渣在高温下煅烧后随砷酸钙结晶程度的提高，大部分砷酸根离子进入水化产物的晶格中，从而实现砷的稳定。

1.4.2.4 硫化砷渣处理现状

硫化砷渣处理方法主要包括火法、湿法和稳定化/固化技术。火法处理将高砷废渣通过氧化焙烧制取粗白砷，或者将还原精炼粗白砷以制取单质砷。砷渣在 600~850 ℃下氧化焙烧可挥发 40%~70% 的砷，若加入黄铁矿，则砷的挥发率达 90%~95%，在适度真空中焙烧磨碎砷渣，脱砷率可达 98% 以上[142]。火法技术尤其适用于含砷量大于 10% 的砷渣，但存在环境污染严重、投资较大和原料适应范围小等不足。

湿法处理包括酸性浸出和碱性浸出。酸性浸出为氧化浸出，机理如下式：

$$As_2S_3 + 5/2O_2 + 3H_2O \Longrightarrow 2H_3AsO_4 + 3S \tag{1-35}$$

硫化砷渣中 As 以 As(V) 的形式被浸出，硫被氧化为单质硫，通过 SO_2 将浸出液中的 As(V) 还原，经冷却处理得到纯度较高的 As_2O_3，其中的砷、硫、铜得以综合回收[143]。碱性浸出指加入 NaOH 等强碱性药剂，将硫化砷渣碱溶。硫化砷渣中的砷被浸出为硫代亚砷酸钠和亚砷酸钠溶液，将浸出液进一步氧化，砷被氧化为五价，硫被氧化为单质硫。最后 As(V) 溶液经 SO_2 还原得到一定纯度的 As_2O_3。

稳定化/固化硫化砷技术利用水泥、塑料、有机化合物等外加剂改变废物的如渗透性、压缩性、毒性等工程特性，使硫化砷转变为不可流动的固体的过程。这可以降低砷的溶解性、毒性和移动性，降低其危害[144]。水泥固化含砷废物也有比较多的研究，如赵萌等[144]使用水泥固化含砷污泥，测试结果表明固化体砷浸出浓度低于国家标准，并且随着水泥掺量的增加，砷浸出浓度进一步降低。

此外，研究者[145]采用水热技术处理三种不同冶炼厂的硫砷渣，发现水热处理可以降低硫化砷渣的体积和水分含量，处理后砷和重金属的可浸出性降低。Zhang 等[146]研究开发了一种新的水热处理方法，在 $Fe(NO_3)_3$ 的协助下，将砷转化为臭葱石并提取硫来解毒硫化砷渣，产物浸出毒性中砷浸出浓度从 634 mg/L 降低到 2.5 mg/L。但水热处理硫化砷渣砷的浸出浓度难以达到最新固废填埋标准限值，且处理成本大，因此限制了实际应用。

1.5　铜冶炼副产物资源化意义及思路

1.5.1　资源化意义

有色冶炼过程产生的冶炼烟气中含有高浓度的 SO_2，普遍采用转化法制取硫酸，矿石中的砷经焙烧氧化为 As_2O_3 进入烟气，因烟气中的砷在制酸净化过程易使制酸转化催化剂中毒失效，所以制酸烟气需净化脱砷；制酸尾气中 SO_2 难以达标排放，需要进一步脱硫。

烟气中除砷和脱硫的工艺主要为湿法，全球范围内普遍采用的湿法工艺为：矿石焙烧产生的含 SO_2、As_2O_3 烟气，先经除尘，捕集大部分粉尘后进入制酸净化工艺，用 3%～20% 的稀硫酸多级洗涤，经除雾器之后高浓度 SO_2 烟气用于制取硫酸产品，制酸尾气采用钠碱法、石灰石-石膏法和双氧水法脱硫。含有高浓度砷的洗涤酸液称为污酸。目前，各国普遍采用硫化法处理含砷污酸，除砷效率 90% 以上，同时产生硫化渣和中和渣。以 10 万吨铜火法冶炼厂为例，每日产生约 400 m^3 的污酸，其中砷浓度高达 8～10 g/L，并伴有 Cu、Pb、Zn 和 Sb 等多种重金属，处理这些污酸，每年会产生石膏中和渣 21000 t，硫化渣 6600 t，由于处理处置成本高，企业难以承受，不但造成资源浪费，还给环境带来了潜在危害。《危险废物填埋污染控制标准（GB 18598—2019)》规定砷含量大于 5% 需要进行刚性填埋处理，这为烟气治理提出了更加严格的要求。制酸尾气烟气脱硫技术方面，石灰法脱硫系统规模较大，大量废渣难处理；钠碱法对 SO_2 浓度有一定要求，运行费用高；双氧水法存在不稳定易分解、运行成本较高等问题，有色冶炼制酸尾气的脱硫工艺改造势在必行。开展有色冶炼行业烟气中硫砷的转化利用研究，对行业的可持续发展、资源循环利用等方面具有重要战略意义。

尽管我国在尾矿综合利用方面取得了一定的进展，但是利用率仅有 10%，远低于欧美等发达国家的综合利用率。铜渣尾矿中含有大量的金属与硅资源，综合利用亟待提高。针对铜渣尾矿的矿物解离学特点，开展有价组分高效分离的基础理论研究，开发有价组分资源化技术，解决铜渣尾矿综合利用难题，对铜冶炼行业绿色发展和循环经济具有重要的现实意义。

为了克服传统有色冶炼烟气脱硫除砷过程较为烦琐、运行成本较高、资源浪费和二次污染的系列问题，本书以典型铜冶炼过程硫砷的协同转利用为目标，结合铜冶炼工艺过程和矿物加工原理，将冶炼过程产生的含硫废气、含砷烟尘、污酸和铜渣尾矿进行有机循环，旨在净化烟气的同时回收 As_2O_3 资源和硫酸资源，最大限度降低污酸量与处理污酸产生的固废量，并降低脱硫成本。该技术的研发用以解决制酸烟气脱硫除砷这一困扰行业多年的世界难题，实现有色金属冶炼烟气中硫砷的"低能耗、低排放、低污染、高回收"，提升我国工业废弃物污染控制技术水平，促进企业绿色发展，对整个行业具有革命性的意义。

1.5.2 资源化思路

针对铜冶炼行业中硫砷多相态污染物协同控制，基于绝热蒸发实现相变转化砷以回收烟气中硫，酸浸出烟尘中有价金属，以及低浓度二氧化硫烟气矿浆法脱硫协同含砷废水处理，针对火法炼铜现有流程及处理工艺，开展铜冶炼污染物质流向、高砷烟气绝热蒸发浓缩及砷转化利用、低浓度二氧化硫烟气矿浆法脱硫协同含砷废水处理基础研究，并结合铜冶炼工艺形成工艺和示范应用（见图 1-13），主要研究内容如下。

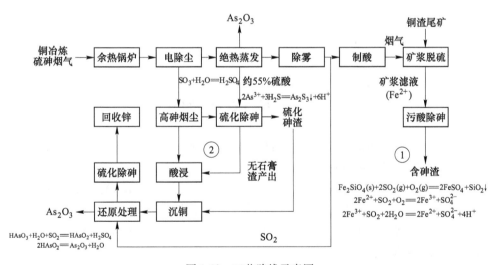

图 1-13　工艺路线示意图

本书基于铜冶炼行业中硫、砷污染物浓度和现有工艺，主要采用的技术路线如图 1-13 所示，其中：①为低浓度二氧化硫烟气矿浆法脱硫协同含砷废水处理技术，②为高砷烟气绝热蒸发冷却酸洗除砷及硫砷转化利用技术。本书研究路线如图 1-14 所示。

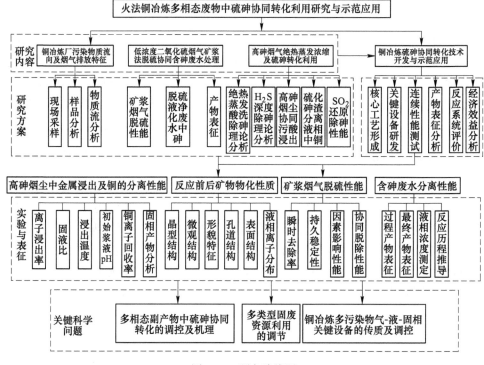

图 1-14   研究路线图

1.6 本章小结

本章针对铜冶炼烟气、废水、固废三种副产物的特点，分析现有技术处理现状，重点概述了现有技术原理及优缺点，主要结论如下：

（1）铜冶炼烟气中主要由 S、As、Zn、Pb、Cu、Sb、Fe、Mg、Bi、Sn、Hg 等元素组成，烟气脱硫有抛弃法和回收法，随着技术不断进步，双氧水法、铵法等逐渐成为主要脱硫工艺；烟气净化主要以除砷为主，主要有干法和湿法，目前采用稀酸洗涤的工艺被广泛应用。

（2）铜冶炼含砷酸性废水 pH 值低，砷和其他重金属浓度高，硫化、中和等化学沉淀法被广泛应用于砷的脱除，废水进一步处理后，可全部回用。

（3）铜冶炼固体废物包括铜渣尾矿、铜冶炼烟尘、硫化砷渣、烟气脱硫石膏、中和渣等，铜渣尾矿主要用于水泥、建材、筑石、环境催化等方面，烟尘主要用于有价金属回收，各类含砷渣主要采用堆存的方法处置。

2 技术研究方法

2.1 实 验 材 料

实验所用铜渣尾矿与铜冶炼烟尘均来自云南某铜业公司，主要组分如表 2-1 和表 2-2 所示，90%铜渣尾矿粒径小于 78 μm，90%铜冶炼烟尘粒径小于 21 μm，所用冶炼污酸组成如表 2-3 所示。

表 2-1　铜渣尾矿元素成分[4]

元素	Fe	Si	Ca	Al	Zn	S	Mg
含量（质量分数）/%	57.80	37.20	1.96	2.43	1.78	0.269	0.651
元素	Pb	As	Cu	K	Mn	Mo	Cr
含量（质量分数）/%	0.189	0.325	0.509	0.771	0.0928	0.192	0.063

表 2-2　某铜业公司熔炼烟尘成分表　　　（质量分数,%）

物料	Cu	Zn	Sb	Bi	Pb	As	Cd	Sn	In
	1.45	10.78	0.40	5.04	21.73	16.12	1.29	3.90	0.11
白烟尘	1.43	8.17	0.42	3.60	15.58	12.87	1.29	3.67	0.12
	1.51	8.81	0.40	4.13	20.47	14.35	0.61	3.85	0.12

表 2-3　铜冶炼污酸主要组成　　　（mg/L）

组分	As	Zn	Sb	Fe	Cu	Mg	Pb	Cr	H_2SO_4
浓度	7260	598.97	7.38	12.53	9.86	36.05	12.47	0.02	31238

实验过程用的主要药品如表 2-4 所示。

表 2-4　技术研发中用到的主要实验药品

序号	实验材料	分子式	规格	厂家
1	硫酸亚铁	$FeSO_4 \cdot 7H_2O$	AR	天津市风船化学试剂科技有限公司
2	硫酸铁	$Fe_2(SO_4)_3$	AR	天津市致远化学试剂有限公司
3	氯化钠	NaCl	AR	天津市风船化学试剂科技有限公司
4	硫酸联胺	$N_2H_6SO_4$	AR	天津市风船化学试剂科技有限公司

续表 2-4

序号	实验材料	分子式	规格	厂家
5	硫酸铜	$CuSO_4$	AR	天津市风船化学试剂科技有限公司
6	氧化钙	CaO	AR	天津市风船化学试剂科技有限公司
7	氟化钠	NaF	AR	天津市风船化学试剂科技有限公司
8	三氧化二砷	As_2O_3	AR	天津市风船化学试剂科技有限公司
9	高锰酸钾	$KMnO_4$	AR	天津市致远化学试剂有限公司
10	溴酸钾	$KBrO_3$	AR	天津市风船化学试剂科技有限公司
11	砷酸钠	$Na_3AsO_4 \cdot 12H_2O$	AR	西陇化工股份有限公司
12	二氧化硅	SiO_2	AR	天津市科密欧化学试剂有限公司
13	抗坏血酸	$C_6H_8O_6$	AR	阿拉丁生化科技股份有限公司
14	硫化钠	$Na_2S \cdot 9H_2O$	AR	天津市风船化学试剂科技有限公司
15	硫酸	H_2SO_4	AR	上海阿拉丁生化科技股份有限公司
16	盐酸	HCl	AR	上海阿拉丁生化科技股份有限公司
17	磷酸	H_3PO_4	AR	上海阿拉丁生化科技股份有限公司
18	氢氧化钠	$NaOH$	AR	上海阿拉丁生化科技股份有限公司
19	SO_2		1%	大连大特气体有限公司
20	CO_2 钢瓶气		1500×10^{-6}	大连大特气体有限公司
21	O_2 钢瓶气		99.99%	昆明广瑞达气体有限公司
22	N_2 钢瓶气		99.99%	昆明广瑞达气体有限公司
23	硝酸钠	$NaNO_3$	GR	天津市风船化学试剂科技有限公司
24	硝酸	HNO_3	AR	上海阿拉丁生化科技股份有限公司

2.2 实 验 方 法

2.2.1 铜渣尾矿矿浆法烟气脱硫应用实验

铜冶炼烟气主要在熔炼、吹炼和精炼过程生成，在熔炼、吹炼和阳极精炼工序对环境烟气进行收集，统称为环境集烟。以上三道工序的环境集烟为渣尾矿矿浆法烟气脱硫的对象。铜冶炼过程铜精矿来源复杂，原料中基础含硫量等不一，烟气量 30000 m^3/h，工况 SO_2 浓度（标态）500～5000 mg/m^3，同时烟气量存在波动。烟气经风机引至团队开发设计的高效烟气脱硫塔，具体内容见第 4 章，验证矿浆法烟气脱硫的工业可行性。装置稳定运行后，定期测定烟气进出口浓度并分析脱硫液组成与脱硫渣的属性。其中，烟气流量及烟气中 SO_2 浓度通过烟气分析仪测定，烟气温度通过温度热电偶测定。

2.2.2 矿浆脱硫滤液脱除含砷废水中砷实验

研究不同 pH 值、反应时间、反应温度对沉砷性能时，取一定体积污酸或酸性废水于 500 mL 锥形瓶中置于恒温磁力搅拌器，待温度稳定在反应要求、转速在 800 r/min 时，加入一定量的 10% 石灰乳调节 pH 值至特定值，按照铁砷摩尔比实验要求加入一定体积脱硫液反应至目标时间停止反应，使用 0.45 μm 滤膜抽滤，滤液分别测定 As³⁺ 浓度和 pH 值，滤渣于干燥箱中烘干后保存。根据反应前后液相中砷离子浓度计算砷去除率。

2.2.3 铜冶炼烟尘硫酸化浸出协同含硫物料资源利用实验

针对铜冶炼烟尘中有价金属，采用硫酸化酸性浸出并回收，通过查阅文献结合前期试验探索情况，拟定反应控制条件及预期目标，如表 2-5 所示。分别以一定浓度的硫酸和污酸为浸出剂，实验对白烟尘进行两段氧化酸浸处理，探究多段逆流浸出对矿物中锌、铜、砷等浸出性能的影响，通过对浸出液中加入砷滤饼作为脱铜剂，以硫化铜形式回收铜，探究不同砷铜比对铜分离性能的影响，随后脱铜液经二氧化硫还原产出 As₂O₃ 结晶，探究 SO₂ 对液相中不同砷浓度中砷回收的影响，具体流程图见图 2-1，探索两段逆流浸出工艺条件及杂质分布情况并形成白烟尘有价金属回收工艺。

酸浸过程取一定量白烟尘，控制硫酸质量浓度、反应温度、液固比（体积质量比，mL/g），通入空气氧化浸出 2 h。根据实验情况，分别计算主要金属浸出率，计算公式如下：

$$X_i = \frac{M_0 \times W_i - M_1 \times W_i^1}{M_0 \times W_i} \tag{2-1}$$

式中　X_i——i 元素的浸出率，%；

　　M_0——烟尘加入质量（干重），g；

　　W_i——烟尘中 i 元素含量，%；

　　M_1——浸出后物料质量（干重），g；

　　W_i^1——浸出后物料中 i 元素的含量，%。

表 2-5　两段逆流浸出及金属分离控制条件及目标

工段	反应条件	目标
一次氧化浸出	酸浓度 20 g/L，初始液固比 1:6，终点液固比 1:4，温度 80 ℃，时间 2 h	终酸 20 g/L
二次氧化浸出	酸浓度 20 g/L，初始液固比 1:6，终点液固比 1:4，温度 80 ℃，时间 2 h	综合浸出率 Cu：95%、Zn：95%、As：90%；浸出渣含砷<3%
沉铜	铜砷摩尔比 1:1.36，温度 85 ℃，时间 2 h	沉铜率 99%，沉铜渣含砷 6%

续表 2-5

工段	反应条件	目标
还原沉砷	温度 40~60 ℃，时间 2 h	脱砷率 80%，还原后液含砷10 g/L
中和降酸	温度 50 ℃，时间 2 h	中和后液含铁 0.01 g/L，pH = 2~3
深度脱砷	n(硫化钠)∶n(砷)3.75∶1，时间 1 h，电位 $E=0$	脱砷后液含砷 0.01 g/L，脱砷率 99%
置换除镉	n(Zn)∶n(Cd) = 1.2∶1，温度 60 ℃，搅拌时间 2 h	除镉后液含镉 0.01 g/L，含铟 0.01 g/L
硫酸锌蒸发浓缩	温度>85 ℃，浓缩比 70%	硫酸锌品质 99%

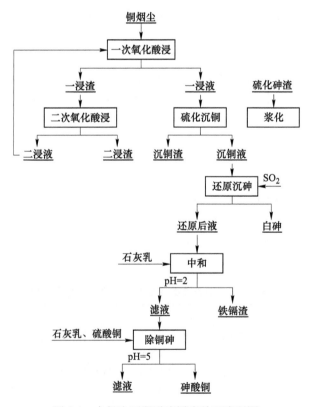

图 2-1　白烟尘两段逆流浸出处理流程图

2.2.4 硫酸洗涤除砷实验

基于氧化砷在不同硫酸浓度下溶解性能的差异,可搭建一套硫酸洗涤除砷装置,如图 2-2 所示,含氧化砷烟气采用高温分解法发生,氮气、氧气和二氧化硫采用钢瓶气发生,使用质量流量计控制气体流量 200~400 mL/min,配制质量分数为 0~70% 的硫酸溶液,取 150 mL 放置于吸收瓶(污酸池)中,采用油浴锅控制吸收反应温度在 60~90 ℃,吸收后尾气采用三级 NaOH 溶液吸收,分别考察硫酸浓度、吸收温度等对氧化砷去除效率的影响,溶液中砷浓度采用溴酸钾滴定法(As 浓度 ≥2 mg/L 时)或 ICP(As 浓度 < 2 mg/L 时)分析,获得最适吸收参数,分析以上影响条件对酸雾形成的影响,吸收瓶中硫酸根离子浓度采用瑞士万通 ECO 离子色谱检测[147]。

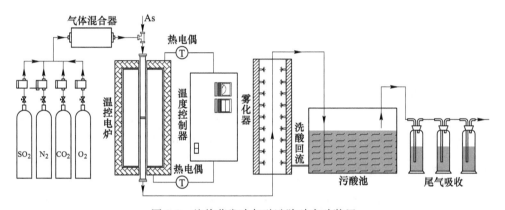

图 2-2 绝热蒸发冷却酸洗除砷实验装置

2.2.5 含砷硫酸硫化深度除砷实验

含砷(As$_2$O$_3$)的硫酸样品取自企业现场绝热蒸发酸洗收砷工段,硫酸浓度约 50 g/L,含砷量约 2.5 g/L,命名为现场酸样。通过向其中缓慢加入 98% 浓硫酸的方法配制成硫酸浓度为 55% 的含砷硫酸,命名为硫化前酸样,分别取 100 mL 硫化前酸样采用 H$_2$S 硫化,实验装置如图 2-3 所示,H$_2$S 气体来自 Na$_2$S 和硫酸(30%)的反应,所生成的 H$_2$S 气体通过砂芯鼓泡的方式与硫化前酸样接触,同时使用磁力搅拌器对体系进行剧烈搅拌,反应温度为 25 ℃,实验尾气经过 CuSO$_4$ 溶液和 NaOH 吸收净化后排放,硫化反应完毕后通过 10000 r/min 高速离心将样品中生成的亮黄色沉淀和硫酸分离,分离得到的硫酸命名为硫化后酸样。测定反应后样品中砷浓度,并根据反应前后液相中砷浓度,计算除砷率。

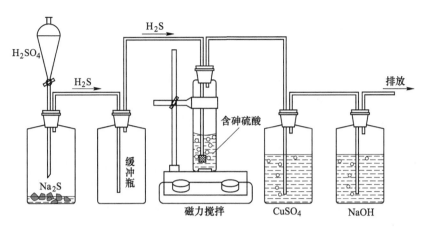

图 2-3   硫化氢制取深度脱砷装置示意图

2.3   液相组分测定方法

2.3.1   酸度测定方法

含酸液体中酸度通过酸碱滴定法测定，排除铁离子干扰后，以一定浓度的 NaOH 溶液为滴定剂、酚酞为指示剂，并根据 NaOH 溶液消耗量计算 H^+ 浓度。

2.3.2   离子浓度测定方法

（1）汞离子浓度测定方法。铜矿 Hg 含量较低，具体测定方法为[148]：1）称取 2 g 样品置于 150 mL 锥形瓶中，加入约 50 mg V_2O_5，25 mL 硝酸，5 mL 硫酸，5 粒玻璃珠，充分摇匀；2）在锥形瓶口中插入一个玻璃漏斗，保持锥形瓶内混合液均匀的条件下，采用电加热器加热，加热温度保持在 135~140 ℃，使混合液微沸 5 min；3）将锥形瓶取下并降温，加入 20 mL 去离子水，再继续加热煮沸并保持 15 min；4）将锥形瓶取下并冷却，采用酸式滴定管将 2% 的 $KMnO_4$ 逐滴缓慢加入，直到紫色不再消退；5）采用盐酸羟胺还原溶液，再用 SG-921 双光数显测汞仪测定溶液中 Hg 的浓度，根据溶液中 Hg 的浓度计算固体中 Hg 的含量。

（2）砷离子浓度测定方法。工艺过程中高浓度砷的含量主要使用溴酸钾滴定法测定。首先取 10 mL 样品置于 250 mL 锥形瓶中，加入约 0.1 g 硫酸联胺和 20 mL 硫磷混酸（1+1）后，将锥形瓶置于电炉上加热消解，待挥发白烟聚于瓶颈位置时停止加热静置冷却，冷却至近室温后再加入 50 mL 去离子水稀释，分别加两滴甲基橙指示剂和溴化钾溶液，使样品溶液呈粉紫色，再用溴酸钾溶液滴定至样品溶液颜色消失或呈淡粉色即可。砷的浓度（c_{As}）用公式（2-2）进行计算：

$$c_{As} = \frac{V_1 \times T_{KBrO_3/As}}{V_0}$$　　　　　（2-2）

式中　V_0——样品体积，mL；

　　　V_1——KBrO$_3$溶液消耗的体积，mL；

$T_{KBrO_3/As}$——滴定常数，$c(KBrO_3)$ = 0.008 mol/L 时，$T_{KBrO_3/As}$ = 0.0003 g/mL；

　　　　　$c(KBrO_3)$ = 0.02 mol/L 时，$T_{KBrO_3/As}$ = 0.001 g/mL。

低浓度砷采用原子荧光光谱测定。具体操作如文献［149］所述。

（3）锌、铜等金属离子测定。锌、铜等金属离子用 ICP-OES 测定。

（4）SO_4^{2-}、F^-、Cl^- 浓度测定。烟气吸收液中 SO_4^{2-}、F^-、Cl^- 的浓度采用离子色谱法定量，并由此计算烟气中 SO_3、F^-、Cl^- 的浓度和排放量。本研究采用的离子色谱（Metrohm，ECO IC），配备有 IonPac AG11HC 阴离子保护柱（4 mm×50 mm），IonPac AS11HC 阴离子分析柱（4 mm×250 mm），TACULP1（4 mm×35 mm）预浓缩柱，检测前采用以下方法对样品进行预处理：取样 10 mL，通过 C18 萃取小柱和 SPHNa 柱（已采用 10 mL 甲醇和 10 mL 去离子水活化），除去吸收液中有损色谱柱的有机物和重金属，弃去前 3 mL 流出液，收集后 7 mL 流出液，再用水性滤膜针头过滤器进行过滤。

污酸中氟、氯离子浓度用离子电极法测定，具体操作为：

（1）标准溶液的配制：称取 2.2101 g 氟化钠（纯度＞99.95%，105 ℃烘干 1 h）配制 10 mg/L、100 mg/L、1000 mg/L 氟离子标准溶液；称取 1.6485 g 氯化钠（基准试剂，550 ℃灼烧恒重），配制 10 mg/L、50 mg/L、100 mg/L、500 mg/L 氯离子标准溶液。

（2）离子强度缓冲溶液的配制：氟离子强度调节剂（TISABF$^-$）的配制：称取 68 g GR 柠檬酸钠和 85 g GR 硝酸钠溶于蒸馏水，移入 1000 mL 玻璃烧杯中，用水稀释至刻度，混匀，使用盐酸（1+1）和氢氧化钠溶液（10 g/L）调节 pH≈6，立即保存于聚乙烯瓶中；氯离子强度调节剂（TISABCl$^-$）的配制：称取 85 g GR 硝酸钠溶于水，移入 1000 mL 容量瓶中，用水稀释至刻度，混匀。

（3）标准曲线的绘制：分别采用 10 mg/L、100 mg/L、1000 mg/L 氟离子标准溶液和 10 mg/L、50 mg/L、100 mg/L、500 mg/L 的氯离子标准溶液，并加入 20 mL 特定离子强度缓冲溶液，标定 PXSJ-216F 离子计，绘制氟、氯离子标准曲线。

（4）反应后液浓度测定：取除氟反应后液 10 mL 于 100 mL 玻璃烧杯，将烧杯放在磁力搅拌器上搅拌，并用一定浓度 NaOH 滴定至 pH = 5.2 左右，降至常温；加入 20 mL 总离子强度调节缓冲溶液，再定容于 100 mL 玻璃容量瓶中，取出 50~80 mL 于烧杯，插入洁净且干燥的氟离子选择电极及饱和甘汞电极于溶液中，待其读数稳定，电极电位每分钟变化不大于 0.2 mV 时，读取测试液中氟离子量；氯离子浓度测定如氟离子浓度测定步骤一致，仅需调节 pH=3.2 左右，加入相应总离子强度调节缓冲溶液。

2.4   固相产物表征方法

2.4.1   元素含量

矿物中主要组分含量通过 X 射线荧光光谱（XRF）结合电感耦合等离子体质谱联用（ICP-MS）测定，XRF（Shimadu XRF-1800，日本）采用的 X 射线管的薄窗为 4 kW，75 μm 铍窗，铑靶，管电流为 140 mA，测角仪定位重现性最高为±0.0001°，扫描速度 300 °/min，微区分析成像 250 μm。对于样品中微量组分，将样品消解后采用 ICP-MS（Agilent 7800，USA）采用 27.12 MHz 固体晶体稳频 RF 发生器，频率稳定性< ±0.01%；RF 功率稳定性< 0.01%，仪器信噪比> 200 M。先在真空准备状态下，打开冷却水循环，确认氩气阀打开，分压为 0.6 MPa 后，开始测定。

2.4.2   物相结构

X 射线衍射（XRD）采用 X 射线衍射仪（日本理学 Smartlab）测定样品的晶形，具体参数为 Cu Kα 辐射，波长 0.15406 nm，电压 40 kV，电流 40 mA，扫描范围 5°~90°，步长 0.02°。

2.4.3   形貌及微观结构

采用 SU8020 型扫描电子显微镜（SEM，日本 HITACHI 公司）在 15 kV 条件下分析硫化后沉淀的颗粒形貌，并在 20 kV 加速电压下进行 EDX 能谱。

使用 JEM-2100F 型高分辨场发射透射电子显微镜（TEM，日本电子 JOEL 公司）对硫化砷渣的颗粒形貌和高分辨晶格条纹进行分析。

2.4.4   主要元素价态

采用 X 射线光电子能谱仪（XPS，型号 Thermo Fisher ESCALAB XI+，美国 Thermo Fisher Scientific 公司）对样品的元素价态和结合方式进行分析，测定结果以 C 284.8 eV 校正，通过 CasaXPS 软件分析。

2.4.5   粒度分布

颗粒粒度分布采用粒度分布仪（Malvern Master 3000）测定。样品以水为分散剂，实验前超声处理 5 min。

2.4.6 表面特征官能团

固相样品含有的官能团通过傅里叶红外光谱（FTIR，Nicolet iS50）测定。样品在 100 ℃烘干后，研磨过 200 目，称取样品 10 mg，与 KBr 按照质量比 1∶20 压成透明薄片测定，扫描波长 400~4000 cm^{-1}，分辨率 4 cm^{-1}。

2.5 本 章 小 结

本章以实验室研究方法确定矿浆法烟气脱硫、含砷废水除砷、烟尘资源化工艺路线和方法，通过酸度测定、离子浓度测定、X 射线荧光光谱、X 射线衍射、扫描电子显微镜、X 射线光电子能谱仪等方法检测、分析实验效果。主要结论如下：

（1）矿浆脱硫以烟气量 30000 m^3/h，工况 SO_2 浓度（标态）500~5000 mg/m^3 为研究对象，测定烟气出入口浓度并分析脱硫液组成与脱硫渣属性。

（2）含砷废水除砷以脱硫液、烟气净化废酸为研究对象，通过硫化脱砷、硫酸洗涤除砷的方法，研究不同 pH、反应时间、反应温度对除砷性能的影响。

（3）冶炼烟尘以熔炼产出的烟尘为研究对象，探究多段逆流浸出对矿物中锌、铜、砷等浸出性能的影响，通过对浸出液中加入砷滤饼作为脱铜剂，以硫化铜形式回收铜，探究不同砷铜比对铜分离性能的影响，随后脱铜液经二氧化硫还原产出 As_2O_3 结晶，探究 SO_2 对液相中不同砷浓度中砷回收的影响。

3 铜冶炼排放特征

近年来我国铜冶炼产业发展较为迅速，随着人们对环境保护的重视，现代社会对产业节能减排的要求也在不断提升。铜冶炼过程中的污染物主要有砷、铅、铬、镉、汞等重金属及氟、氯、SO_2、SO_3 等酸性物质，由于重金属具有累积性，不但会从土壤迁移到水体、植物中，而且会附着在可吸入颗粒物（PM_{10}）和细颗粒物（$PM_{2.5}$）表面，其中 $PM_{2.5}$ 极易吸附各种重金属元素，而酸性组分多以气体形式排放到大气中，对生态环境及人体健康造成严重危害[17, 150-153]。重金属对生物体的危害具有累积性，如果排放到环境中，将导致严重的环境恶化。氟、氯及 SO_2 的危害主要表现在强腐蚀性和对人体的毒性，另外，氟、氯的化合物会破坏臭氧层甚至造成全球变暖，而 SO_2 则会导致酸雨[24, 154]。铜冶炼过程排放的酸性气体中，SO_x 比 F^-、Cl^- 排放量大很多，其排入空气会造成酸雨等严重环境问题。火法炼铜由于生产效率高，能耗较低，电解铜质量较好，且能较好回收铜矿中有价金属，故在当前技术水平下，火法是铜冶炼的主流技术。

将节能减排理念融入铜冶炼效能提升中，可避免对社会环境带来负面影响是铜冶炼行业现阶段的发展趋势。在这几种主要重金属中，砷对铜冶炼产品品质及环境的危害均较大[155]。此外，铜冶炼含砷烟气净化及污酸处理过程产生的砷渣，存在渣量大、处置费用高、环境风险高等问题。因此，分析砷的流向与合理控制砷在铜冶炼全流程中的分布是铜冶炼乃至整个有色金属冶炼行业的重点，同时也是降低环境风险、保障操作人员职业健康的重要措施[156]。当前，铜冶炼环境保护的研究主要集中在污控技术的开发，唐巾尧等[157]解析了铜冶炼多源固废资源的环境属性，Guo 等[158]开展了火法炼铜过程铜、砷的物质流向，而针对污染物的迁移规律及烟气净化效果的研究鲜有报道，关于铜冶炼烟气中典型污染物的流向尚不明确，导致污控技术的开发缺乏目的性和针对性。

基于此，本章针对一典型的铜冶炼厂（云南某铜业公司）测试了不同工段铜冶炼产物中的重金属含量，并建立气体采样方法采样检测烟气中的氟、氯、SO_2、SO_3 浓度。关注铜冶炼过程中重金属特别是砷的迁移转化及污染控制设施对酸性物质尤其是硫氧化物的去除效果。对铜冶炼污染物的流向及烟气特征进行研究和评价，以期为铜冶炼行业有价金属回收及污染控制提供参考和依据[148]。

3.1 采样和分析

铜冶炼以硫化铜精矿为主，通过熔炼、吹炼、火法精炼、电解精炼等环节形成电解铜[159]；铜冶炼多个环节会产生炉渣，电解精炼阶段会产生阳极泥等，烟气净化过程中还会产生污酸，铜原料中的重金属会伴随在以上过程流入铜冶炼的各个环节。另外，铜冶炼多个工序均会产生冶炼烟气，但绝大多数在熔炼、吹炼和精炼过程中生成[159]。此外，由于铜精矿中 S 元素和部分金属杂质的存在，铜精矿干燥过程也会产生一些烟气，其主要成分为重金属的颗粒物及 SO_2 等酸性物质。上述多个过程中，熔炼是铜冶炼中最重要的一道工序，其产生的污染物量也最多，故在熔炼过程中应采取严格措施以防止污染物大量外漏[160]。赵娜等[161]对比了有色行业电除尘、袋式除尘的优缺点，认为在现有干式除尘基础改进后的新型干式除尘具有更高的除尘效率；Chen 等[162]研究发现除尘器的分级效率和烟尘的粒径有较大的相关性。贾小梅等[163]研究了铜冶炼企业重金属污染物粒径分布特征，发现重金属大部分附着在粒径>2.5 μm 的颗粒物上，采用"双闪"工艺的企业有组织烟气的镉和铅则主要附着在粒径≤2.5 μm 的颗粒物上；柴祯[164]则发现在废杂铜的冶炼过程中，还原气氛抑制 Pb 转化至气相，而 O_2 含量的增加提高了 Pb 的挥发率。对于烟气中酸性气体，杨柳[165]发现石灰石-石膏法可以有效同时净化烟气中的 Cl^- 和 SO_x。

基于以上，本章采用 XRF、ICP-MS、双光数显测汞仪检测分析铜精矿火法冶炼过程中的重金属含量，采用烟气分析仪和离子色谱对其各工段烟气中的酸性物质（SO_2、SO_3、F^-、Cl^-）进行采集分析。

3.1.1 铜冶炼及烟气净化工艺

铜冶炼的主要原料是硫化铜精矿，铜矿石（$w(Cu)= 0.5\% \sim 2\%$）经过采矿、选矿得到含铜品位较高的铜精矿（$w(Cu) = 20\% \sim 30\%$），送冶炼厂炼铜。如图 3-1 所示，铜冶炼的工艺流程通常为：（1）铜矿石破碎及浮选；（2）造锍熔炼，得到冰铜（$w(Cu) = 30\% \sim 50\%$）；（3）吹炼，得到粗铜（$w(Cu) = 98.5\% \sim 99.5\%$）；（4）阳极炉精炼，得到阳极铜（$w(Cu) = 99\% \sim 99.8\%$）；（5）电解精炼，得到阴极铜（$w(Cu) = 99.95\% \sim 99.997\%$）。本书所调查的云南某铜业公司主要生产粗铜、阴极铜及铜冶炼附属产品，并利用冶炼烟气生产硫酸，铜产量 10 万吨/年。该铜冶炼厂是铜冶炼及烟气治理工艺的典型代表。

本书冶炼厂烟气的简化处理过程和固体采样点如图 3-1 所示。该厂采用的铜冶炼工艺主要包括熔炼、吹炼转化和精炼三个工序。在熔炼阶段，向熔炼炉中加入过量的氧气，铜精矿发生剧烈反应，在 1200 ℃左右的温度下产生冰铜、熔炼

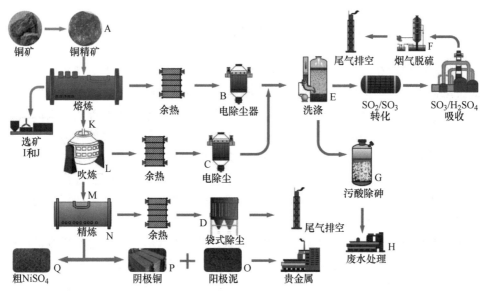

图 3-1　铜冶炼工艺及烟气处理流程图

渣和烟气，冰铜经水淬后送入铜锍仓堆存。在吹炼炉中，将分离出来的铜锍（含铜量，质量分数约 60%）在 1250~1300 ℃下与氧气反应，得到粗铜（含铜量，质量分数约 98%）。熔炼炉和吹炼炉产生的烟气分别采用电除尘器收尘后，合并从同一个出口排放，合并后的烟气排放量约为 $13.7\times10^4\ m^3/h$。粗铜在阳极炉进一步提纯精炼，经过氧化还原和保温处理，最终得到 99.3% 的铜液，并铸造成阳极板。熔炼工序、吹炼工序、精炼工序的环境集烟经收集后与阳极炉出口烟气合并排放，排放量约为 $10\times10^4\ m^3/h$。

　　由于烟气中污染物主要来自熔炼炉和吹炼炉，因此对这两个工序产生的烟气进行重点治理，安装了一系列的污控设施，更详细的工艺流程图见图 3-2。采用余热锅炉和电除尘器联合除尘后，将两级烟气合并。首先采用洗涤塔处理烟气，并用电除雾器除雾，除雾产生的废液返回洗涤塔。烟气经进一步干燥并将 SO_2 转化为 SO_3 后，在双接触双吸附塔制备硫酸，再通过双氧水烟气脱硫和电除雾深度净化，以达到颗粒物和酸性气体的超低排放。在阳极炉精炼阶段对产品进行精制，废气经余热锅炉回收热能后，采用布袋除尘器净化，经烟气脱硫系统吸收过量 SO_2。此外，三个工序的逸散排放都由命名为环境集烟系统的气体收集罩进行收集，收集的烟气经脱硫和电除雾进一步处理后并入阳极炉处理后的烟气，最终达标排放。

　　如图 3-2 所示，A~Q 为本书的 17 个固体采样点，分别表示：A—混合铜精矿；B—熔炼过程产生的白烟尘；C—吹炼过程产生的白烟尘；D—精炼过程产生的白烟尘；E—铅滤饼；F—脱硫石膏渣；G—含砷石膏渣；H—污水中和渣；

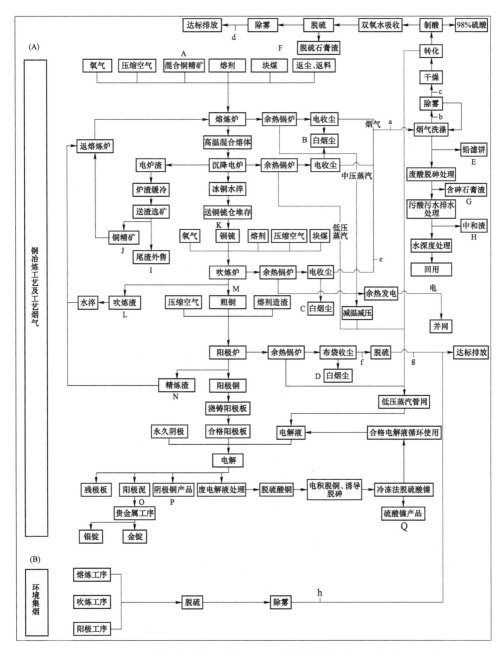

图 3-2 某厂铜冶炼工艺流程及污染物采样点设置示意图

I—铜渣尾矿；J—渣选铜精矿；K—铜锍；L—吹炼渣；M—粗铜；N—精炼渣；O—阳极泥；P—阴极铜；Q—粗硫酸镍。为了更好了解铜冶炼烟气中 SO_2、F^-、Cl^- 等酸性物质的排放特征，以及通过酸性气体净化效果评价污控设施设置的合理性，在关键污控设施前后设置不同的采样点（见图 3-2 中 a~h），对烟气中的 SO_2、F^-、Cl^- 进行采样分析，并以此对该铜冶炼厂的酸气治理情况进行分析及探讨。

3.1.2　采样分析对象

3.1.2.1　固体采样

铜冶炼所产固废主要包括铅滤饼、白烟尘、脱硫石膏渣、含砷石膏渣、污水中和渣、铜渣尾矿等，重金属在各个环节流入这些固体产物，导致这些固体中含有很多金属，必须加以分离和回收利用，以达到污染减排目的。本章对上述固废的成分进行分析，得到重金属在固体中的分布状态，并由此推断重金属在各个阶段的流向。这些固废的产生过程及来源如下：

（1）铅滤饼。铅滤饼是铜冶炼烟气在洗涤过程中产出的不溶于稀酸的黑色固体颗粒物，主要含有铜、硒、铅等金属，还含少量金、银。同时由于铜冶炼原料来源复杂，生产过程中部分铅滤饼还会含汞，其中（质量分数）Cu：10%~50%、Se：10%~70%、Pb：1%~20%、Hg：5%~20%、Au：5~60 g/t、Ag：100~2000 g/t[166]。铅滤饼成分复杂，其中的汞、铅等对环境和人体健康极为有害，必须对其采取安全环保的工艺和方法进行处理，含有汞、硒等易挥发的元素铅滤饼单独处理难度较大，许多炼铜厂将其直接返炉处理或者外售给炼汞的厂家处理。

（2）白烟尘。云南某铜业公司目前熔炼烟尘年产出约 9500 t，含（质量分数）Cu：3.6%、Sn：3.62%、Zn：9.576%、As：14%、Pb：20.78%、In：0.09%、Ag：200 g/t，其中熔炼白烟尘中约含有价金属铜 360 t，锡 360 t，锌 960 t，铅 1800 t，铋 480 t，铟 9.6~12 t；吹炼烟尘含 Ag：750 g/t、Cu：7%、As：6%、In：0.09%，年产出约 1000 t，吹炼产出烟尘中约含铜 70 t，铅 250 t，铋 60 t，锌 96 t，银 0.84 t；上述物料均含不同程度的砷量，属危险废物，尤其是熔炼白烟尘含砷特别高。

（3）脱硫石膏渣。铜冶炼产生的烟气中含有大量 SO_2，而石灰-石膏法是目前应用最广泛的烟气脱硫工艺。采用钙法净化处理烟气将产生大量的脱硫石膏。铜冶炼过程中的石膏渣，就是石灰-石膏法脱硫的产物，其主要组分是硫酸钙，另外含有多种重金属元素，属于危险固体废弃物，若不能加以有效处置，将对土壤、地下水等环境造成二次污染。铜冶炼行业石膏渣产出量非常大，亟待进行无害化、资源化处理或处置。

（4）含砷石膏渣。在铜冶炼过程中产生大量含硫含砷烟气，在进入制酸工序之前通常会采用烟气洗涤的方式去除烟气中的杂质成分，进而产生大量含重金属的酸性废水（简称污酸），污酸经石灰-铁盐法[2, 167]处理后转化为达标的工业用水，同时也产生了大量含砷及重金属石膏渣。据估计，中国铜冶炼行业每年约

产生 50×10^4 t 的含砷石膏渣。受限于处置技术和高昂成本,在愈加严苛的环保管理条件下,此类石膏渣仍不可有效处置或利用,常被冶炼企业暂存于"三防"渣库中,不仅维护成本较高,而且存在巨大的安全隐患,若遭受地震、泥石流、山洪暴发等地质灾害,将对当地生态造成极大伤害[168-171]。

(5)污水中和渣。铜冶炼烟气进入制酸系统前经动力波洗涤会产生大量污酸,原料中的砷大部分都进入此污酸中。多数铜冶炼企业[172,173]通过硫化法脱砷、剩余稀酸用氢氧化钙中和净化。根据《国家危险废物名录》(2021年版)规定,硫化法脱砷工艺所产生的硫化砷及中和渣均为危险废物。故采用上述污酸处理方法,不能最终将砷的毒性转移。目前这两种危险废物通常以地方规定价格(约3元/kg)交由危险废物处置中心或有资质的单位合法处置,但其处理费用高,一定程度增加了铜冶炼的成本,致使较多铜冶炼企业无法承受,且转运过程中存在二次污染的风险,增加了铜冶炼的安全隐患,已经成为铜冶炼行业普遍关注的问题[174]。

(6)铜渣尾矿。铜渣尾矿是铜冶炼过程中铜锍渣经浮选回收铜后最终残留的工业固废,基于2019年中国精炼铜产量,国内每年铜渣尾矿量达978.4万~1956.8万吨。

铜渣尾矿主要含有铁、硅、锌、氧等元素,多以硅酸亚铁、磁铁矿形式存在,其具体组成受浮选药剂、矿物组成等影响。选择性分离铜渣尾矿中单一金属较难,因此大量的铜渣尾矿由于难以实现高效经济资源化利用而常被堆存在渣场。此外,由于其中含有少量As、Pb等重金属,大规模堆弃既占用土地,又对环境造成二次潜在危害,同时也是巨大的资源浪费。

(7)阳极泥。阳极炉产生的精炼铜被浇铸为阳极板,常含锌、铁、镍、银、金等多种金属杂质,当含杂质的铜在阳极不断溶解时,金属活动性位于铜之前的金属杂质如 Zn、Fe、Ni 等也会同时失去电子,然而 Zn^{2+}、Fe^{2+}、Ni^{2+} 比 Cu^{2+} 更难还原,不能在阴极析出,只能以离子形式留在电解液中。相比铜,金属活动性偏弱的银、金等杂质,由于失电子的能力比铜弱,难以在阳极失去电子变成阳离子而溶解,当阳极的铜及 Zn、Fe、Ni 等失去电子变成阳离子溶解之后,剩余未溶解的金属以单质形式沉积在电解槽底部,形成阳极泥。由于阳极泥中含有银、金等贵金属,通常被送往贵金属工序进一步提纯回收银锭和金锭。

3.1.2.2 气体采样

铜火法冶炼的多个工序会产生烟气,为了明确各个工序产生的烟气中酸性组分(SO_2、SO_3、F^-、Cl^-)的含量,进而对现有污控设施的治理效果及布置的合理性进行评价,由此对企业减排给予指导,在如图3-2所示的8个采样点进行气体采样(a~h)。鉴于国家对企业环保越来越严格的管理要求和该企业为实现厂区环境优化的跨越式发展需求,提升作业环境、职业健康安全的综合考虑,环境集烟被列为在本章采样分析中的重中之重。

3.1.3 采样及实验方法

（1）固体样品采集及测定。在熔炼炉送矿口处采集铜精矿样品，在电解精炼出口处采集电解铜样品，在铜冶炼各个工段的采样口处采集铅滤饼、白烟尘、脱硫石膏渣、含砷石膏渣、污水中和渣、铜渣尾矿等样品。对铜冶炼各个工段的固体物料进行破碎，采用 XRF 及 ICP-MS 分析各固体样品中主要元素的含量。

该冶炼厂所使用的铜矿中 Hg 含量较低，因此参照《土壤元素的近代分析方法》测定固体样的 Hg 含量[148, 175]。

（2）烟气采集及测定。图 3-2 所示的流程图展示了云南某铜业公司烟气处理流程及采样点布置，该厂在熔炼炉、吹炼炉和阳极炉精炼工序分别设置了余热锅炉，回收的热量分别用于产生中压和低压蒸汽，其中中压蒸汽进一步发电产生电能，低压蒸汽则并入管网。熔炼炉和吹炼炉产生的烟气分别经静电除尘除去白烟尘后，将两者合并，采用洗涤、除雾、干燥、转化、吸收、脱硫、除雾后得到可以直排的清洁烟气；在阳极精炼工序采用布袋收尘除去颗粒物后，经脱硫工序得到可以直排的清洁烟气。为进一步优化冶炼作业环境，该厂在熔炼、吹炼和阳极精炼工序对环境烟气进行了收集，本书中称环境集烟。以上三道工序的环境集烟统一经脱硫、除雾净化后得到洁净烟气，其流程如图 3-2 中的 b 所示。为了评价该厂现有烟气处理设施的合理性，本书在上述烟气处理工艺流程中布置了 8 个采样点，在图 3-2 中用字母 a ~ h 表示，检测烟气排放及处理流程中 SO_3^{2-}、SO_4^{2-}、F^-、Cl^- 的浓度。

采用便携式 SO_2 检测仪（testo 340）对烟气中的 SO_2 浓度进行连续监测，采样间隔为 5 min/次，共采集 10 组数据并取平均值。烟气中 SO_3、F^-、Cl^- 浓度的测定采用"现场采样，实验室检测"的方式。采样方法为溶剂吸收法，采样设备为盐城天悦仪器仪表有限公司生产的 TQ-1000 型大气采样仪，烟气采集流程如图 3-3 所示。烟气采集过程中先通过一个空的玻板吸收瓶，以保证烟气完全混合均匀，再通过四组不同的溶液（Ⅰ、Ⅱ、Ⅲ、Ⅳ）对烟气中的 SO_3 和 F^-、Cl^- 分别进行吸收，其中 SO_3 的吸收采用异丙醇溶液（Ⅰ~Ⅳ：80%异丙醇），F^-、Cl^- 的吸收采用 NaOH 溶液（Ⅰ：5% NaOH；Ⅱ：1% NaOH；Ⅲ、Ⅳ：0.5% NaOH），控制烟气流量为 300 mL/min，采样时间为 30 min。采样开始后，需要调试烟气的流量，调试过程中会导致烟气量不稳定，故为了准确定量烟气量，在采集过程中设置了采样调试组，与采样吸收组平行采样。如图 3-3 所示，调试组的设置与吸收组完全一致，不同之处在于调试组采用的吸收液全部为去离子水。采样之前，先打开调试组阀门，然后关闭吸收组阀门，在调试采样流量过程中，烟气通过调试组，待流量调试稳定后，打开吸收组阀门，关闭调试组阀门，同时按下计时器。本书的采样过程中,每个检测点采集3组平行样,待采样结束后将样品带回实验室,采用离子色谱法测定,取平均值得到测试结果。

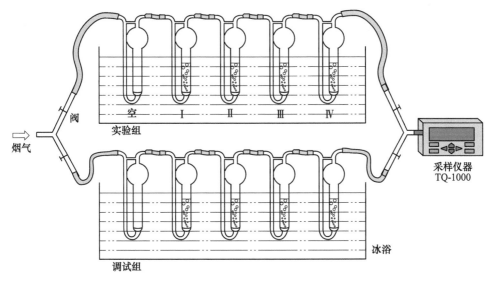

图 3-3 酸性气体采样流程

3.2 排 放 特 征

3.2.1 铜冶炼过程固体物料组成

铜精矿、电解铜、铅滤饼、白烟尘、脱硫石膏渣、含砷石膏渣、污水中和渣、铜渣尾矿样品中主要元素和5种重金属含量的检测分析结果如表3-1所示。为了尽可能地减少误差,每个样品均重复测试三次后取平均值,并计算了每组数据的标准偏差,相关结果见表3-2。从表3-2可见,所有测试结果的标准差均不超过0.06,说明三次测试的数值离散程度较小,实验结果的可靠性较高。

从表3-1和表3-2可以看出,本书所考察的5种重金属Pb、As、Cd、Hg、Cr中,Pb和As在铜精矿中含量较高,这是由于Pb、As通常和硫化铜矿伴生;而电解铜中铜含量达到了99.994%,未检测到其他重金属和S元素。此外,冶炼烟气在洗涤过程中会产出一些不溶于稀酸的铅滤饼,铅滤饼成分复杂,除Hg外,其他几种元素在铅滤饼中均占有一定比例,尤其是Pb、As的含量较高,故在后续处理处置过程中,必须考虑安全、环保的工艺路线。该厂所产的铜渣尾矿中未检测到Cd、Hg、Cr等重金属,主要原因为铜渣尾矿的具体成分受浮选药剂、矿物组成等影响较大。该铜冶炼厂矿源中Hg的含量较低,在铜冶炼各个工段的固体物质中均未检测到Hg的存在,可认为由于Hg的极易挥发性,在高温焙烧过程中进入烟气。和铅滤饼类似，白烟尘存在有价金属含量高、成分复杂等特点，为了进一步探究白烟尘中各有价金属的含量，本书在该厂不同的熔炼炉和吹炼炉的除尘工序取样进行对比分析，结果见表3-3。同样地，表3-3中白烟尘成分的测试数据也是三次测试的平均值，其测试数值和标准差见表3-4。从表3-4可见，所有测试结果的标准差均不超过0.06，说明三次测试的数值离散程度较小，实验结果的可靠性较高。

表 3-1　固体样部分元素含量检测结果　　　　（质量分数,%）

元素	Cu	Pb	As	Cd	Hg	Cr	S
铜精矿	21.38	0.425	0.421	0.013	0.000004	0.0044	29.39
电解铜	99.994	0	0	0	0	0	0
铅滤饼	1.68	48.5	15.23	0.65	0	0.003	5.2
白烟尘	2.97	19.8	14.6	0.15	0	0.05	0.55
脱硫石膏渣	0.001	0.001	0.55	0.001	0	0.002	13.33
含砷石膏渣	0.018	3.2126	2.568	0.174	0	0.068	5.612
污水中和渣	0.005	0.03	0.005	0.005	0	0.005	8.5
铜渣尾矿	0.005	0.189	0.325	0	0	0	0.002

表 3-2　固体样部分元素含量数据表

元素	Cu			Pb			As			Cd		
	含量/%	平均含量/%	误差	含量/%	平均含量/%	误差	含量/%	平均含量/%	误差	含量/%	平均含量/%	误差
铜精矿	21.35			0.440			0.42			0.012		
	21.4	21.38	0.022	0.430	0.43	0.008	0.41	0.42	0.008	0.013	0.013	0.001
	21.39			0.420			0.43			0.014		
电解铜	99.993			—								
	99.994	99.994	0.001	—	—	—	—	—	—	—	—	—
	99.995			—								
铅滤饼	1.66			48.54			15.23			0.62		
	1.68	1.68	0.016	48.43	48.50	0.050	15.29	15.23	0.049	0.67	0.65	0.022
	1.7			48.53			15.17			0.66		
白烟尘	2.96			19.77			14.62			0.14		
	2.99	2.97	0.014	19.82	19.80	0.022	14.64	14.60	0.043	0.15	0.15	0.008
	2.96			19.81			14.54			0.16		

元素	Cu 含量/%	Cu 平均含量/%	Cu 误差	Pb 含量/%	Pb 平均含量/%	Pb 误差	As 含量/%	As 平均含量/%	As 误差	Cd 含量/%	Cd 平均含量/%	Cd 误差
脱硫石膏渣	0.001	0.001	0.000	0.001	0.001	0.000	0.53	0.55	0.016	0.001	0.001	0.000
	0.001			0.001			0.55			0.001		
	0.001			0.001			0.57			0.001		
含砷石膏渣	0.017	0.018	0.001	3.24	3.21	0.029	2.52	2.57	0.051	0.16	0.17	0.008
	0.018			3.17			2.55			0.17		
	0.019			3.22			2.64			0.18		
污水中和渣	0.005	0.005	0.000	0.031	0.030	0.001	0.005	0.005	0.000	0.005	0.005	0.000
	0.005			0.029			0.005			0.005		
	0.005			0.030			0.005			0.005		
铜渣尾矿	0.004	0.005	0.001	0.188	0.189	0.002	0.323	0.325	0.003	—	—	—
	0.005			0.191			0.322			—		
	0.006			0.187			0.329			—		

元素	Hg 含量/%	Hg 平均含量/%	Hg 误差	Cr 含量/%	Cr 平均含量/%	Cr 误差	S 含量/%	S 平均含量/%	S 误差
铜精矿	0.000004	0.000004	0.000	0.0044	0.0044	0.000	29.36	29.39	0.036
	0.000004			0.0044			29.44		
	0.000004			0.0044			29.37		
电解铜	—	—	—	—	—	—	—	—	—
	—			—			—		
	—			—			—		
铅滤饼	—	—	—	0.003	0.003	0.000	5.13	5.20	0.051
	—			0.003			5.22		
	—			0.003			5.25		
白烟尘	—	—	—	0.047	0.050	0.002	0.52	0.55	0.029
	—			0.052			0.54		
	—			0.051			0.59		
脱硫石膏渣	—	—	—	0.002	0.002	0.000	13.32	13.33	0.045
	—			0.002			13.28		
	—			0.002			13.39		

元素	Hg			Cr			S		
	含量/%	平均含量/%	误差	含量/%	平均含量/%	误差	含量/%	平均含量/%	误差
含砷石膏渣	0.000037	0.000038	0.000	0.066	0.068	0.002	5.61	5.61	0.033
	0.000038			0.07			5.57		
	0.000039			0.068			5.65		
污水中和渣	—	—	—	0.005	0.005	0.000	8.55	8.50	0.037
	—			0.005			8.49		
	—			0.005			8.46		
铜渣尾矿	—	—	—	—	—	—	0.002	0.002	0.000
	—			—			0.002		
	—			—			0.002		

注："—"表示未检测到，检出限为 0.1 ng/mL。

表 3-3　白烟尘成分对比表　　　　　　　　（质量分数，%）

编号	As	Sn	Pb	Cu	Bi	Zn	In	Ag/g·t^{-1}
熔炼 1	14.60	4.02	19.80	2.97	4.12	11.39	0.098	77
熔炼 2	15.88	3.62	20.78	2.88	5.02	8.66	0.089	30
熔炼 3	15.74	3.46	22.88	2.44	5.62	9.52	—	—
吹炼 1	5.71	—	20.92	6.81	5.11	9.59	0.092	646
吹炼 2	5.73	—	19.26	7.45	4.40	9.59	0.091	736
吹炼 3	4.13	—	20.65	9.04	6.84	8.63	0.094	951

注："—"表示未检测到，检出限为 0.1 ng/mL。

表 3-4　白烟尘成分数据表

编号	As			Sn			Pb			Cu		
	含量/%	平均含量/%	误差	含量/%	平均含量/%	误差	含量/%	平均含量/%	误差	含量/%	平均含量/%	误差
熔炼 1	14.62	14.60	0.043	4.04	4.02	0.022	19.77	19.80	0.022	2.96	2.97	0.014
	14.64			3.99			19.82			2.99		
	14.54			4.03			19.81			2.96		
熔炼 2	15.82	15.88	0.042	3.61	3.62	0.029	20.73	20.78	0.037	2.85	2.88	0.024
	15.91			3.59			20.82			2.91		
	15.91			3.66			20.79			2.88		

编号	As			Sn			Pb			Cu		
	含量/%	平均含量/%	误差	含量/%	平均含量/%	误差	含量/%	平均含量/%	误差	含量/%	平均含量/%	误差
熔炼3	15.66	15.74	0.057	3.46	3.46	0.024	22.85	22.88	0.024	2.44	2.44	0.016
	15.77			3.49			22.88			2.46		
	15.79			3.43			22.91			2.42		
吹炼1	5.68	5.71	0.036	—	—	—	20.87	20.92	0.036	6.74	6.81	0.054
	5.69			—			20.95			6.82		
	5.76			—			20.94			6.87		
吹炼2	5.77	5.73	0.028	—	—	—	19.19	19.26	0.051	7.41	7.45	0.033
	5.71			—			19.28			7.45		
	5.71			—			19.31			7.49		
吹炼3	4.12	4.13	0.029	—	—	—	20.67	20.65	0.043	8.99	9.04	0.037
	4.1			—			20.69			9.08		
	4.17			—			20.59			9.05		

编号	Bi			Zn			In			Ag		
	含量/%	平均含量/%	误差	含量/%	平均含量/%	误差	含量/%	平均含量/%	误差	含量/%	平均含量/%	误差
熔炼1	4.06	4.12	0.043	11.32	11.39	0.050	0.099	0.098	0.001	0.0076	0.0077	0.000
	4.14			11.43			0.098			0.0077		
	4.16			11.42			0.097			0.0078		
熔炼2	5.06	5.02	0.029	8.61	8.66	0.045	0.088	0.089	0.001	0.003	0.003	0.000
	4.99			8.72			0.088			0.0031		
	5.01			8.65			0.091			0.0029		
熔炼3	5.59	5.62	0.042	9.54	9.52	0.036	—	—	—	—	—	—
	5.59			9.55			—			—		
	5.68			9.47			—			—		
吹炼1	5.15	5.11	0.033	9.54	9.59	0.045	0.092	0.092	0.000	0.0644	0.0646	0.000
	5.11			9.58			0.092			0.0647		
	5.07			9.65			0.092			0.0647		
吹炼2	4.44	4.40	0.037	9.59	9.59	0.024	0.092	0.091	0.001	0.0738	0.0736	0.000
	4.41			9.62			0.092			0.0736		
	4.35			9.56			0.089			0.0734		

续表 3-4

编号	Bi			Zn			In			Ag		
	含量/%	平均含量/%[①]	误差	含量/%	平均含量/%	误差	含量/%	平均含量/%	误差	含量/%	平均含量/%	误差
吹炼3	6.79	6.84	0.045	8.66	8.63	0.029	0.093	0.094	0.001	0.095	0.0951	0.000
	6.83			8.59			0.095			0.0952		
	6.9			8.64			0.094			0.0951		

注："—"表示未检测到，检出限为 0.1 ng/mL。

　　由于各冶炼厂所用原料金属嵌布状态、矿物成分差异大，导致产出的白烟尘成分也存在较大差异，但白烟尘都存在含砷量高、有价金属含量高、成分复杂等特点。铜冶炼企业的白烟尘平均含（质量分数）砷量在 8% 左右[129, 131]，从表 3-3 可见，该铜冶炼厂熔炼阶段的白烟尘含砷量高达 15% 左右，大大超出了行业内白烟尘的平均含砷量。另外，该厂白烟尘含铜相对较少，锡和铟的含量较高。同时该公司熔炼烟尘和吹炼烟尘成分差异大，主要体现在熔炼烟尘含（质量分数）砷 13%~15%、锡 3%~4%、铜 2%~3% 和银 30~80 g/t，而吹炼烟尘含砷4%~6%、铜 7%~9% 和含银 640~950 g/t。与云铜白烟尘相比，该厂烟尘含砷和锡较高，云铜白烟尘约含（质量分数）砷 8%、锡 1%~2%；此外，白烟尘中还含有一定量的贵金属 Ag，吹炼白烟尘中 Ag 的含量显著高于熔炼白烟尘。

　　对表 3-3 中熔炼 1 的白烟尘进行 XRD 分析，结果如图 3-4 所示。熔炼白烟尘中物相分别为 $PbSO_4$、$PbSO_3$、$ZnSO_4 \cdot 7H_2O$、$ZnSO_4$、SnO、$Bi_2Sn_{5-x}S_9$、$CuPbAsS_3$、

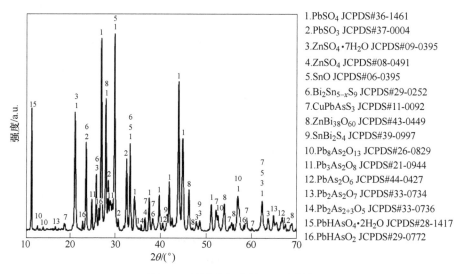

1. $PbSO_4$ JCPDS#36-1461
2. $PbSO_3$ JCPDS#37-0004
3. $ZnSO_4 \cdot 7H_2O$ JCPDS#09-0395
4. $ZnSO_4$ JCPDS#08-0491
5. SnO JCPDS#06-0395
6. $Bi_2Sn_{5-x}S_9$ JCPDS#29-0252
7. $CuPbAsS_3$ JCPDS#11-0092
8. $ZnBi_{38}O_{60}$ JCPDS#43-0449
9. $SnBi_2S_4$ JCPDS#39-0997
10. $Pb_8As_2O_{13}$ JCPDS#26-0829
11. $Pb_3As_2O_8$ JCPDS#21-0944
12. $PbAs_2O_6$ JCPDS#44-0427
13. $Pb_2As_2O_7$ JCPDS#33-0734
14. $Pb_2As_{2+3}O_5$ JCPDS#33-0736
15. $PbHAsO_4 \cdot 2H_2O$ JCPDS#28-1417
16. $PbHAsO_2$ JCPDS#29-0772

图 3-4　熔炼白烟尘的 XRD 图谱

$ZnBi_{38}O_{60}$、$SnBi_2S_4$、$Pb_8As_2O_{13}$、$Pb_3As_2O_8$、$PbAs_2O_6$、$Pb_2As_2O_7$、$Pb_2As_{2+3}O_5$、$PbHAsO_4·2H_2O$、$PbHAsO_2$，可见 Pb 在熔炼阶段主要以硫酸盐和亚硫酸盐的形式存在于白烟尘中，部分 Pb 与 As、Cu 形成复合氧化物或硫化物。As 主要与其他有价金属以复合氧化物的形式存在，而不是单纯地以 As_2O_3 或 As_2O_5 形式存在，这为 As 的回收和处理带来了一定的困难。

3.2.2 重金属物质平衡与流向

根据固体样品中重金属含量（见表 3-1），对铜火法冶炼过程中 Pb、As、Cd、Hg 与 Cr 这 5 种重金属物质流向进行分析计算，结果如表 3-5 所示。流入白烟尘和含砷石膏渣的重金属最多，分别为 3484.23 t/a 和 1605.56 t/a，占重金属总量的 65.02% 和 29.96%；其次是阳极泥、铅滤饼、铜渣尾矿和脱硫石膏渣，重金属流入量分别为 131.88 t/a、88.85 t/a、20.62 t/a 和 12.26 t/a。铜精矿中含量最高的重金属是 Pb 和 As，分别为 3011.33 t/a 和 2261.18 t/a。

表 3-5　重金属物质流向数据　　　　　　　　(t/a)

重金属流向		固体采样点	Pb	As	Cd	Hg	Cr	合计
进料	铜精矿	A	3011.33	2261.18	62.53	0.02	23.32	5358.38
熔炼	白烟尘	B	1315.51	970.02	9.97	0.00	3.33	2298.83
	铅滤饼	E	66.93	21.02	0.90	0.00	0.00	88.85
	脱硫石膏渣	F	0.02	12.18	0.02	0.00	0.04	12.26
	含砷石膏渣	G	856.50	684.64	46.27	0.01	18.14	1605.56
	中和渣	H	0.62	0.10	0.10	0.00	0.10	0.92
	铜渣尾矿	I	17.37	3.25	0.00	0.00	0.00	20.62
	渣选精矿	J	0.53	0.33	0.00	0.00	0.00	0.86
	铜锍	K	753.85	569.64	5.27	0.00	1.71	1330.48
吹炼	白烟尘	C	664.27	489.82	5.03	0.00	1.68	1160.81
	吹炼渣	L	11.84	0.01	0.01	0.00	0.00	11.86
	粗铜	M	77.73	79.81	0.23	0.00	0.04	157.81
精炼	白烟尘	D	14.07	10.38	0.11	0.00	0.04	24.59
	精炼渣	N	0.21	0.01	0.00	0.00	0.00	0.22
	阳极泥	O	62.75	69.00	0.13	0.00	0.00	131.88
	粗 $NiSO_4$	Q	0.02	0.00	0.00	0.00	0.00	0.02
废气	—	—	0.68	0.42	0.00	0.01	0.00	1.11

从表 3-5 可以看出，大部分 Pb 和 As 流入白烟尘中，少量流入含砷石膏渣

中。相比之下，其他固体样品中的 Pb 和 As 含量非常少。电炉炉渣经冷却、破碎、磨矿、浮选生产铜渣精矿和铜渣尾矿。铜渣精矿回用到冶炼炉中，而铜渣尾矿只带走少量的铅和砷。综合表 3-5 的数据可以看出，铜火法冶炼过程中，约75.17%的重金属从熔炼过程中脱除，约 21.88%的重金属从吹炼过程中脱除，约2.92%的重金属从精炼过程中脱除。最终排放到大气中的 Pb、As 和 Hg 非常少，约占重金属总量的 0.03%。铜精矿中汞含量较低，因此，在含砷废水处理过程中，加入石灰石后，部分汞与砷一起沉淀到含砷石膏渣中，另一部分由于焙烧温度高而进入烟气，这是由于汞的高挥发性。在熔炼和吹炼阶段的烟气净化和废酸处理过程中，铬几乎被完全脱除。少量的铬分别随铜锍和粗铜进入吹炼和精炼阶段。需要说明的是，采用静电除尘器或布袋除尘器能将 Cr 全部去除，并使其进入白烟尘中，而熔炼、吹炼和精炼的炉渣中均未检出 Cr。

　　结合表 3-5 分析可知，流入白烟尘和含砷石膏渣的 Pb、As、Cd、Hg 和 Cr 重金属量最大，据此，这 5 种重金属流入白烟尘和含砷石膏渣的比例如图 3-5 所示。可以看出，约有 66.21%的 Pb 和 65.02%的 As 随熔炼烟气排出，并被捕集到熔炼白烟尘中。剩余的 28.44%的 Pb 和 30.28%的 As 被动力波洗涤系统洗涤后存在于废酸中，最终存在于废酸处理所产生的含砷石膏渣中。而 Cd、Hg 和 Cr 则不同，白烟尘中 Cd 和 Cr 的含量分别为 24.16%和 21.64%，而白烟尘中未检出 Hg。而 74.00%的 Cd、77.79%的 Cr 和 50.00%的 Hg 流入含砷石膏渣中，这可能是由于含有 Cd、Cr 和 Hg 的颗粒不适合采用静电除尘器进行捕集。以上结果表明，白烟尘是 Pb 和 As 的最主要载体，而含砷石膏渣是 Cd、Cr 和 Hg 的最主要载体。

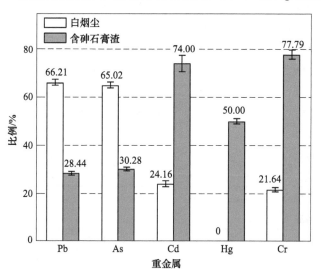

图 3-5　流入白烟尘和含砷石膏渣的重金属比例

熔炼过程中产生的烟气经余热锅炉回收热能后，再经电除尘器去除烟气中的白烟尘，吹炼过程产生的烟气经余热回收热能后，同样经电除尘器去除烟气中的白烟尘。去除白烟尘后的熔炼烟气及吹炼烟气混合，经烟气洗涤、除雾工序产生铅滤饼和污酸，污酸脱砷处理产生含砷石膏渣，脱砷后的污水进一步中和处理产生污水中和渣。熔炼炉产生的高温混合熔体进入沉降电炉产生冰铜（铜锍）及电炉渣，电炉渣进一步浮选得到铜渣尾矿和渣选精矿。铜锍进入吹炼炉氧化为粗铜，同时产生烟气及吹炼渣，烟气按如前所述的方法进行余热回收并去除白烟尘后，和熔炼烟气混合处理。粗铜则进入阳极炉精炼，精炼工序产生的烟气经余热回收热能后，经布袋收尘去除白烟尘，经脱硫工序后和环境集烟处理后的烟气混合排放。精炼工序产生的固废为精炼渣，产品为阳极铜，阳极铜被浇铸为阳极板，最终被电解产生阴极铜，如图 3-6 所示，阴极铜中未检测到重金属，故阳极铜中的重金属全部流向了电解产生的固废，即阳极泥和硫酸镍。综上所述，根据铜精矿中 Pb、As、Cd、Hg、Cr 五种重金属的去向，熔炼工序产生的烟气中应包含白烟尘、铅滤饼、含砷石膏渣、污水中和渣，电炉渣作为固废进一步浮选为铜渣尾矿和渣选精矿，铜锍作为熔炼工序的产品流入吹炼工序；吹炼工序产生的烟气含有白烟尘，固废中应包含吹炼渣，粗铜作为吹炼工序的产品流入精炼工序；精炼工序产生的烟气中应包含白烟尘，固废中应包含阳极泥、粗硫酸镍、精炼渣，精炼工序的产品为电解铜，不含 Pb、As、Cd、Hg、Cr。最终，0.02% 的 Pb，0.02% 的 As，以及 50.0% 的 Hg 通过烟囱排放，流入大气。上述过程在图 3-6 所示的重金属平衡及物质流向图中明确表示。

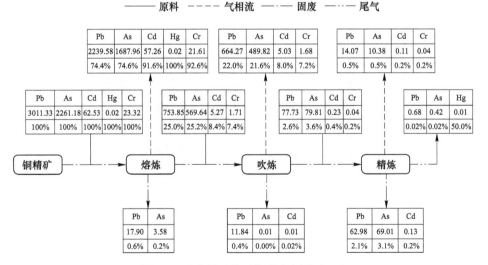

图 3-6　重金属平衡及物质流向图（t/a）

在图 3-6 中，由于铜精矿中铅、砷的含量较高，在铜火法冶炼的各个阶段，铅、砷都伴随存在于固体物质。可以看出，在熔炼阶段的烟气处理过程中，有 74.4% 的 Pb 和 74.6% 的 As 被去除，少量进入炉渣（包括渣选精矿和铜渣尾矿），进入吹炼过程的 Pb 和 As 分别约为 753.85 t/a 和 569.64 t/a（见表 3-5），分别占总 Pb 和 As 的 25.0% 和 25.2%。在吹炼过程中，22.0% 的 Pb、21.6% 的 As、8.0% 的 Cd 和 7.2% 的 Cr 进入烟气中，结合表 3-5 可知，这些重金属均被静电除尘器去除，进入白烟尘。粗铜中 Pb 约为 2.6%，As 约为 3.6%，Cd 约为 0.4%，Cr 约为 0.2%。这些重金属进一步流入精炼过程中，在高温的作用下，0.5% 的 Pb、0.5% 的 As、0.2% 的 Cd 和所有剩余的 Cr 进入烟气，被布袋除尘器截留为精炼白烟尘。剩余的 Pb、As 和全部 Cd 在电解精炼过程中流入阳极泥中，微量 Pb 进入粗 $NiSO_4$。最终留在烟气中重金属主要为 Pb、As 和 Hg，作为废气排入大气，排放量分别约为 0.68 t/a、0.42 t/a 和 0.01 t/a，其中 Pb 和 As 占总排放量的 0.02%，Hg 占 50.0%。

本书统计分析了重金属流入各阶段的百分比，结果如图 3-7 所示。很明显，大部分重金属都流入熔炼过程，尤其是 Cd 和 Cr，这两种重金属在熔炼过程中的流入率都在 90% 以上，结合表 3-2 可以看出，这两种重金属大部分都流入白烟尘和含砷石膏渣中。Cd 和 Cr 在熔炼和吹炼过程中几乎 100% 脱除，只有不到 1% 的 Cd 和 Cr 流入精炼过程。值得注意的是，50% 的汞流入熔炼过程的含砷石膏渣中，另有 50% 随铜锍和粗铜流入阳极精炼炉中，并存在于阳极精炼过程产生的烟气中。由于 Hg^0 具有极高的挥发性，因此 Hg 未被精炼过程中的袋式除尘器收集，

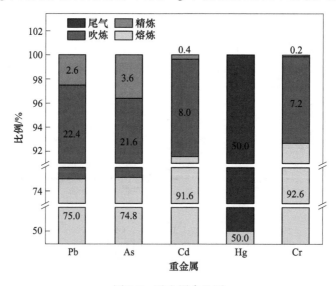

图 3-7　重金属占比图

而是最终随废气排放到大气中。由于 Hg 具有持久性、易迁移、生物浓度高、生物毒性强等特点，应进一步减少其排放。从表 3-4 可以看出，虽然最终排放到大气中的重金属数量很少，但 Pb、As 和 Hg 对人体和其他生物的危害极大，因此，需要格外重视这部分重金属。

3.2.3 铜冶炼过程中砷的迁移行为

考虑到砷在铜冶炼过程中对产品和环境的危害，本书以砷为研究对象，着重考察调研了其在铜精矿中的存在形式及冶炼过程中砷的流向。

铜冶炼过程中，伴生的砷硫铁矿在受热后迅速解离出砷单质，由于砷单质化学性质活泼，在空气环境中会逐步被氧化[156, 176]。在中性气氛中反应如下：

$$4FeAsS \Longrightarrow As_4 \uparrow + 4FeS \tag{3-1}$$

当温度升高到 600 ℃，砷硫铁矿中的砷解离压已较高，铜精矿熔炼温度为 1190 ℃，远高于 600 ℃，故砷会在熔炼阶段充分解离。在氧化气氛中，挥发出的砷单质会被氧化[156]：

$$As_4 + 3O_2 \Longrightarrow 2As_2O_3 \tag{3-2}$$

在氧气过量的环境中，As_2O_3 被进一步氧化为 As_2O_5。当温度较高时，As_2O_3 还会发生以下反应[156, 176]：

$$As_2O_3 + O_2 + Fe_2O_3 \Longrightarrow 2FeAsO_4 \tag{3-3}$$

As_2O_5 则能和诸如 CuO、ZnO、FeO、PbO、CaO 等碱性氧化物形成稳定的砷酸盐或亚砷酸盐，该反应的通式如下（M 代表 Cu、Zn、Fe、Pb、Ca 等金属）[156, 176]：

$$3MO + As_2O_5 \Longrightarrow M_3(AsO_4)_2 \tag{3-4}$$

砷的流向主要取决于熔炼炉工艺控制，基于熔炼工艺形成砷的固有形态。故要分析和控制砷的分布，关键在于熔炼过程，而在铜精矿熔炼过程中，最关键工艺在于控制烟气温度、氧气浓度、煤耗等因素的影响[156]。

熔炼主要是通过铜精矿、熔剂、煤等物料制粒后，经炉顶下料口到达熔体表面，快速被喷枪强烈搅拌的熔体所熔没，在高温熔体中完成熔炼过程[177]。在熔炼过程中，需要控制的工艺参数有 SiO_2/Fe 质量比、冰铜品质、喷枪流量、熔池温度等[156]。以上参数的控制将对 As 分布产生影响，如：渣型 SiO_2/Fe 质量比对 As 的分布影响较小；而冰铜品质越高，砷进入电炉渣中的比例也越大，这是因为较高的冰铜品位控制需要更多的氧气，氧气过量时反应式（3-2）和式（3-3）容易发生并最终生成 $FeAsO_4$ 进入渣相，而烟气中的砷含量会下降，导致总体脱砷效率降低；熔炼温度控制越高，烟气中的砷含量越多，其原因是较高的温度会导致砷硫铁矿的解离压升高。向成喜等[156]认为烟气温度波动不是导致砷分布变化的主要原因。只有当烟气温度降至 200 ℃ 以下时，烟气中的 As_2O_3 有析出的可能，这也是干法收尘时将出口温度骤冷至 150 ℃ 左右的原因。在工业中，冶炼烟气温度从 280 ℃ 骤降至 90 ℃，绝大部分氧化砷被冷凝下来形成颗粒态，随后烟气进入旋风除尘器可去除 50% 以上的固体颗粒物。

熔炼炉内 O_2 的浓度对砷的流向影响较大。其主要原因是在熔炼过程中，砷硫铁矿按式（3-1）反应，在 O_2 浓度较高的条件下，As 单质很容易被氧化为 As_2O_3 后进入烟气，在烟气输送过程中，As_2O_3 和 As_2O_5 可与碱性氧化物反应生成砷酸盐类物质。若烟气中无氧或微氧时，砷以单质形式存在于烟气中，当烟气中有大量 O_2 存在时，砷被氧化为 As_2O_3，随后被带入烟气洗涤产生的污酸中。

砷的流向和煤耗也是密切相关的。分析原因认为，煤耗的高低主要和 O_2 浓度、铜精矿成分、冰铜品质控制以及煤的品质等有关，但如果有充足的 O_2 使煤充分燃烧，即煤完全反应生成 CO_2，将不会对 As 的分布产生影响。若熔炼炉中 O_2 含量不足，而使得煤不能充分燃烧而生成 CO，则可能将 As_2O_3 还原为单质砷，单质砷进而挥发并进入烟气[156]。因此煤耗主要是因其改变了环境中的气体成分而对砷的流向和分布产生影响。

3.2.4 烟气中硫及氟、氯的排放特征

本书针对铜冶炼各工序的烟气处理工段，采集了各工段烟气，并在实验室对烟气中的酸性组分浓度进行了检测分析，结果如表 3-6 和图 3-8 所示。

表 3-6 污控措施对烟气中 SO_x、F^- 和 Cl^- 的脱除效率

污控		SO_2/%	SO_3/%	F^-/%	Cl^-/%
熔炼+吹炼	洗涤-干吸	98.9	97.1	99.2	96.9
	除雾	11.3	14.9	42.7	46.1
	脱硫	99.6	84.9	88.3	20.9
精炼（阳极炉）	脱硫	95.8	99.8	98.5	74.3

从表 3-6 和图 3-8 可见，源自熔炼炉和吹炼炉的烟气分别经过电收尘合并为一股烟气后，各污染物浓度含量很高（采样点 a），其中 SO_2 为 199870 mg/m^3，SO_3 为 199 mg/m^3，F^- 为 798 mg/m^3，Cl^- 为 157 mg/m^3。采样点 e 采集的烟气为吹炼炉烟气经过电收尘后的样品，对比采样点 e 和采样点 a 的烟气浓度，可推断绝大部分 SO_2、SO_3、F^- 及 Cl^- 来源于熔炼炉工段。熔炼炉和吹炼炉合并后的烟气经过动力波洗涤、除雾、干燥、转化、制酸、双氧水吸收、再除雾后可实现达标排放；从表 3-6 所示的脱除效率可以看出，动力波洗涤对于这 4 种酸性物质均有较好的脱除效果，经洗涤-干吸后 SO_2 浓度降低为 2179 mg/m^3，SO_3 浓度降低为 5.83 mg/m^3，F^- 浓度降低为 6.55 mg/m^3，Cl^- 浓度降低为 4.79 mg/m^3。然而，洗涤后的除雾对于 4 种酸性物质脱除效果均不佳，除雾对 SO_2 的去除率仅 11.3%，

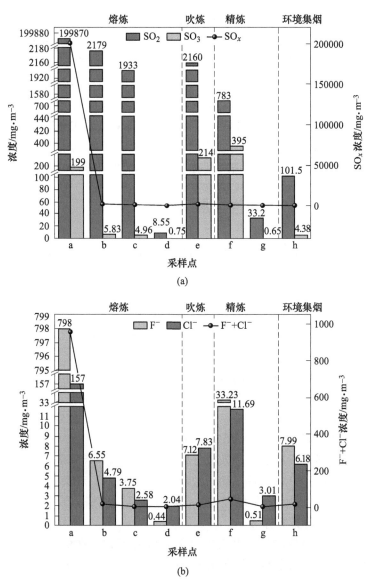

图 3-8　烟气中 SO_x（a）和 F^-、Cl^-（b）的浓度

对 SO_3 的去除率仅 14.9%，原因可能是除雾过程中部分处于溶解态的酸性物质会挥发到气相中。但经过干燥、转化、制酸、双氧水吸收、除雾设备后，四种物质均可达到较低的排放浓度（$SO_2 = 8.55$ mg/m³，$SO_3 = 0.75$ mg/m³，$F^- = 0.44$ mg/m³，$Cl^- = 2.04$ mg/m³），该浓度满足《铜、镍、钴工业污染物排放标准》（GB 25467—2010）规定的排放限值。

如图 3-8 所示，阳极炉烟气中的 SO_2、SO_3、F^- 及 Cl^- 经过布袋收尘浓度仍较高，但脱硫对四种物质的处理效果较好，脱硫处理后烟气中 SO_2 浓度为 33.2 mg/m³，SO_3 浓度为 0.65 mg/m³，F^- 浓度为 0.51 mg/m³，Cl^- 浓度为 3.01 mg/m³，该烟气和环境集烟经脱硫、除雾后的烟气合并，可满足排放标准 GB 25467—2010 规定的浓度限值。此外，环境集烟虽经过了脱硫、除雾工段，但四种物质的最终排放浓度仍较高，其中 SO_2 浓度达到了 101.5 mg/m³，F^- 浓度达到了 7.99 mg/m³，虽然在合并阳极炉处理烟气后可以达标排放，然而，如果环境集烟在经过脱硫、除雾后单独直接排放，则 F^- 浓度超出了 GB 25467—2010 规定的有组织排放浓度限值（3.0 mg/m³），因此，后续需对现有环境集烟的处理措施进行改造。

3.3　本 章 小 结

本章针对典型铜冶炼厂，测试了不同工段铜冶炼产物中的重金属含量，检测了烟气中的氟、氯、硫浓度，并分析了铜冶炼过程中重金属特别是砷的迁移转化及污染控制设施对酸性物质的去除效果。主要结论如下：

（1）铜冶炼过程中固体物料分析表明，铅滤饼和白烟尘中 Pb、As、Cu、Cd 重金属占比最大，其中砷在白烟尘中以复合氧化物的形式存在，这为砷的回收增加了难度。

（2）重金属物质平衡和流向分析表明，在熔炼阶段，约 97.12% 的重金属流入固体产物中，其中流入白烟尘和含砷石膏渣的重金属最多，分别达 65.18% 和 30.04%。流入烟气中的重金属仅为 Pb、As、Hg，排放量分别约为 0.14 t/a、0.09 t/a 和 0.01 t/a，原料中约 35% 的 Hg 流入烟气。

（3）各烟气净化设施的处理效率分析表明，熔炼炉烟气是 SO_x 和卤化氢最主要来源，在合并吹炼炉烟气后，动力波洗涤-干吸对 SO_x 和卤化氢的脱除效果较好，而除雾对二者的脱除效果均较差。该烟气在经过洗涤、除雾、干燥等系列处理工序后，可以满足排放标准。

（4）环境集烟系统的污控系统设计需要统筹考虑，在保证颗粒物及重金属脱除效率的前提下，优化 SO_x 和卤化氢的处理效率，降低各污染物的排放浓度。

4 矿浆法脱硫协同含砷废水处理工艺

铜冶炼过程产生的含低浓度 SO_2 冶炼烟气存在气量大、SO_2 浓度波动大，常规脱硫方法成本高的问题；铜冶炼过程产生大量高浓度含砷污酸和低浓度含砷酸性废水，处理难度大，对环境带来潜在危害[178,179]。如何有效净化铜冶炼过程产生的低浓度二氧化硫烟气及高效去除铜冶炼废水中砷成为铜冶炼过程中面临的难题。基于铁环境化学学科的大力发展，依托铁砷离子强大的亲和性，含铁药剂不断被开发用于液相除砷[180]，并取得了较好的效果，但工程化应用过程中使用的铁源主要为企业自购硫酸亚铁、氯化铁等，是铜冶炼企业运行成本的重要组成部分，同时，含铁药剂的储存需要占据车间，这些问题都使得企业运行成本难以控制。针对低浓度含硫烟气及铜渣尾矿组分复杂，利用难度高等现状，开发新型脱硫技术及尾矿利用途径是该行业发展关键。本课题组对铜渣尾矿用于烟气脱硫开展了部分基础研究，考察了矿浆脱硫总体性能与机制，解析了酸性氛围尾矿中铁离子浸出机制，并通过中试评价了铜渣尾矿烟气脱硫性能[86]，证实脱硫后的渣仍为一般固废，且渣中物相与形貌未发生根本改变。矿浆法烟气脱硫过程中产生含铁浆液，Fe^{2+} 达 5~20 g/L，同时含有少量 H_4SiO_4。结合以废治废思路，利用含铁矿物矿浆法液相催化氧化 SO_2 体系同时实现烟气净化与金属离子浸出，并使用浆液中铁离子脱除铜冶炼含砷液相中砷，不仅充分利用液相中铁离子，还实现了含砷废酸中砷的净化，达到以废治废目的，具有潜在的经济效益和环境效益。然而，矿浆脱硫性能及脱硫液中铁离子除砷性能及机制仍待研究。

本章分析了矿渣物理化学性质、测定了矿浆法烟气脱硫效率及 SO_2 吸收量；并针对铜冶炼过程存在的高浓度含砷污酸和低浓度洗涤酸性废水，以铜渣尾矿矿浆法脱硫浆液为铁源，深入研究反应温度、Fe/As 摩尔比、H_2O_2 添加量、pH 等因素对不同浓度含砷废液中砷净化性能的影响，结合液相产物、固相产物表征分析，探究除砷机制，以期为铜渣尾矿的减量、资源化与低浓度烟气净化及含砷废水的高效治理提供实践依据。

4.1 铜渣尾矿矿浆法烟气脱硫性能研究

4.1.1 铜渣尾矿物理化学性质

铜渣尾矿的物理化学性质是湿法烟气脱硫应用性能的重要影响因素，因此测定并分析企业铜渣尾矿的物相、矿物学组成、粒度分布、表面官能团、表面形貌、矿浆密度特性，结果如图 4-1 所示。

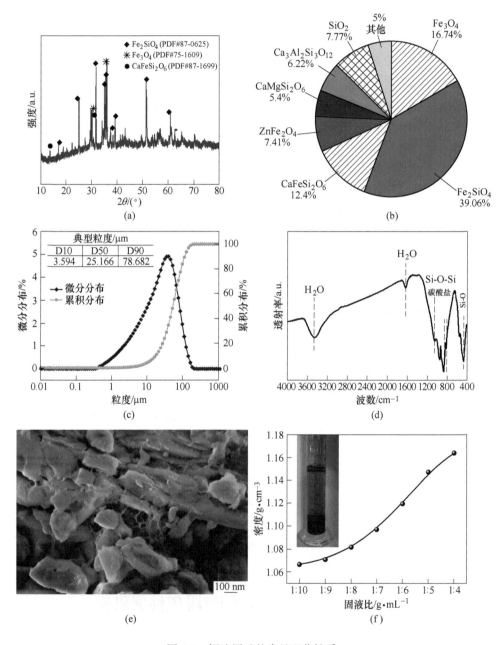

图 4-1　铜渣尾矿的常见理化性质

（a）物相；（b）矿物学组成；（c）粒度分布；（d）表面官能团；（e）表面形貌；（f）矿浆密度特性

如图 4-1（a）和（b），铜渣尾矿主要组分由 Fe_2SiO_4、Fe_3O_4、$CaFeSi_2O_6$、$ZnFe_2O_4$ 组成，分别占比 39.06%、16.74%、12.4%、7.41%，由于以上矿物硬度较大，设计过程需要关注设备选型耐磨性；90% 的铜浮选尾矿粒度小于 78.682 μm（见图 4-1（c）），即矿物粒度总体较小，工程应用前不需进一步磨矿；此外，矿物表面形貌相互镶嵌（见图 4-1（e）），需要注意的是，铜渣尾矿配制的浆液易于沉淀，固液比 1:6 配浆时，其密度为 1.12 g/cm³，配制成的矿浆中矿物易于沉淀，表面有少许悬浮物；因此，在应用中应促进矿浆的搅拌与浆液循环，防止矿浆沉淀与悬浮物被烟气夹带而形成潜在二次污染。

4.1.2 烟气 SO_2 浓度对脱硫效率的影响

铜冶炼烟气中 SO_2 浓度随着工况条件的变化而发生波动，研究了不同 SO_2 浓度对铜渣尾矿浆脱硫效率及反应 5 h 时硫容的影响，结果如图 4-2 所示，在 572~2860 mg/m³ 浓度范围内，随着 SO_2 浓度的增加，烟气脱硫效率逐渐降低。当入口 SO_2 浓度为 572 mg/m³ 时，在 300 min 内矿浆脱硫效率基本稳定在 95% 以上；当入口 SO_2 浓度增加到 2860 mg/m³ 时，反应至 300 min 时，脱硫效率降低至 75.1%。脱硫效率下降可能是由于随着反应的进行，浆液的 pH 值逐渐降低，溶液中亚硫酸增加，抑制了 SO_2 的传质效果，导致脱硫效率逐渐降低。然而，随着烟气 SO_2 浓度的增加，反应 5 h 时对应的矿浆的 SO_2 吸收量逐渐增加，该结果表明要想实现较高的烟气净化性能，需研发二级装置。

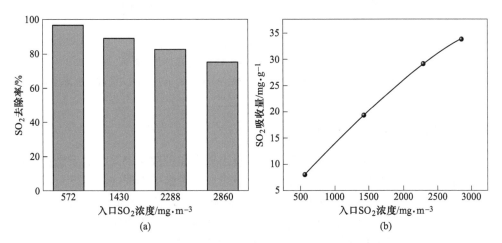

图 4-2 烟气入口 SO_2 浓度对烟气脱硫性能的影响

（a）反应 5 h 矿浆烟气脱硫效率；（b）SO_2 吸收量

（固液比，1:4，液体，100 mL；反应温度，30 ℃；O_2 含量，19.5%；烟气停留时间，5 s）

4.1.3 固液比对脱硫效率的影响

研究了铜渣尾矿与水固液比对烟气脱硫效率的影响，结果如图 4-3 所示，当固液比从 1∶7 增加到 1∶3 时，脱硫效率有逐渐增加的趋势，其中固液比为 1∶3 时，显示了最高的脱硫效率。增加固液比为 1∶4 和 1∶3 时，反应 300 min 内，烟气脱硫效率大于 90%。增加固液比有利于提升脱硫效果，主要原因为固液比增加，铜渣尾矿用量增加，能够更多的消耗酸液，有利于 SO_2 在气液相间传质，拥有更佳的 SO_2 缓冲性。同时，浸出的有价金属离子增加，也能促进脱硫效率的提升，但是固液比高于 1∶4 后，脱硫效果增加不明显，需要注意的是，增加固液比使单位矿浆对 SO_2 的吸收量降低，可能是由于反应 5 h 时仍有大量矿浆未与 SO_2 充分接触，综合分析，最佳固液比为 1∶4。

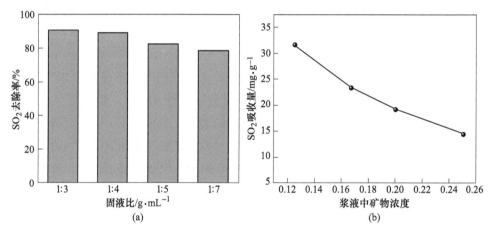

图 4-3 固液比对矿浆烟气脱硫性能的影响

(a) 反应 5 h 矿浆烟气脱硫效率；(b) SO_2 吸收量的影响

(入口 SO_2 浓度，1430 mg/m³；液体，100 mL；反应温度，30 ℃；O_2 含量，19.5%；烟气停留时间，5 s)

4.1.4 温度对脱硫效率的影响

反应温度影响着传质效率、有价金属浸出速率和扩散速率等，对于铜渣尾矿浆脱硫效率起到重要影响。研究控制吸收液温度，考察了不同液相温度对矿浆脱硫性能的影响，结果如图 4-4 所示，反应温度从 20 ℃升高至 30 ℃时，脱硫效率明显增加，30 ℃时显示出最佳的脱硫效率，300 min 内脱硫效率稳定大于 90%，随着吸收温度从 30 ℃增加至 60 ℃，脱硫效率逐渐降低。温度的提高有利于矿渣中有价金属的浸出，促进相中的 SO_3^{2-}/HSO_3^- 被催化氧化为 SO_4^{2-}；然而，较高的温度抑制了 SO_2 的溶解。温度大于 30 ℃后，对 SO_2 的传质速率影响加大，使总体脱硫效率降低，因此合适的吸收温度应控制在 30 ℃。

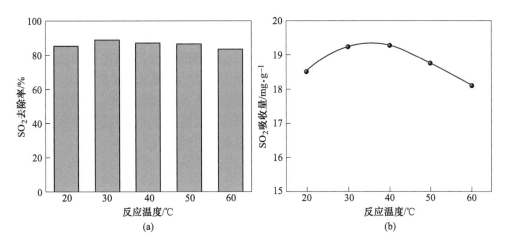

图 4-4 温度对矿浆烟气脱硫性能的影响

（a）反应 5 h 矿浆烟气脱硫效率；（b）SO_2 吸收量的影响

（入口 SO_2 浓度，1430 mg/m³；固液比，1∶4，液体，100 mL；O_2 含量，19.5%）

另外，烟气温度影响着 SO_2 的传质从而影响烟气脱硫性能，为了降低实验成本，因此，采用 Aspen 软件研究了烟气温度对矿浆法烟气脱硫的影响，结果如图 4-5 所示，结果表明高温烟气脱硫前需降温。

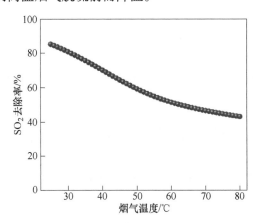

图 4-5 烟气温度对矿浆烟气脱硫效率的影响

（入口 SO_2 浓度，1430 mg/m³；固液比，1∶4，液体，100 mL；O_2 含量，19.5%）

4.1.5 烟气停留时间对脱硫效率的影响

烟气停留时间为评价烟气脱硫性能及脱硫塔设计的关键因素，因此测定了烟气停留时间对矿浆法烟气脱硫性能的影响，结果如图 4-6 所示。从图 4-6 中可以发现，当烟气在浆液中停留时间为 10 s 时，反应 5 h 内，烟气脱硫效率稳定大于 92%。随着烟气停留时间从 10 s 降低到 2.5 s，烟气脱硫效率明显下降。该结果表明，高停留时间有利于烟气脱硫；脱硫效率的降低由以下两个因素造成。首先，烟气在矿浆中停留时间从大约 10 s 减少到 1.25 s，降低了矿浆与 SO_2 接触的概率。其次，降低烟气停留时间导致单位时间内进入反应器的 SO_2 量增加，间接增加了相同条件下矿浆对 SO_2 的处理量。然而，较高的停留时间会导致系统需要较大的脱硫塔尺寸。因此，目标烟气在浆液中停留时间为 5 s。

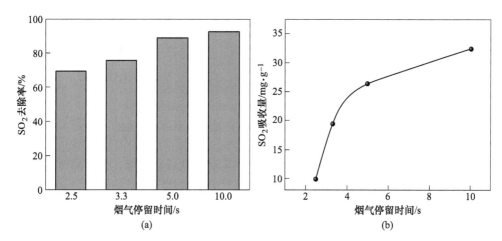

图 4-6　烟气停留时间对矿浆烟气脱硫性能的影响

（a）反应 5 h 矿浆烟气脱硫效率；（b）SO_2 吸收量的影响

（入口 SO_2 浓度，1430 mg/m³；固液比，1∶4，液体，100 mL；反应温度，30 ℃；O_2 含量，19.5%）

4.2　矿浆脱硫滤液脱除废水中砷的研究

为了实现矿浆脱硫浆液的高效资源化，本节探究了其对铜冶炼两类常见含砷废水的净化性能及可能机制。

4.2.1　Fe^{2+}/As 摩尔比对废水中砷脱除效率的影响

铁砷摩尔比对废水中砷的沉淀具有较大影响，因此本小节首先通过改变污酸与脱硫液体积比，研究了 Fe^{2+}/As 摩尔比对污酸中砷去除性能的影响，结果如图 4-7 所示。由图可以发现，对于高浓度污酸，在初始 pH 值为 3，未添加氧化剂，铁砷摩尔比从 0.44 增加到 2.63 时，污酸中砷去除率总体维持在 45.86% ~ 55.95%，反应后液相 pH 值从 2.21 增加到 2.52。铁砷摩尔比对污酸中砷去除影响较小原因为脱硫浆液中铁离子主要以 Fe^{2+} 存在，在酸性无氧化剂存在时，Fe^{2+} 相对稳定,在 pH 值为 3 时难以形成沉淀,因此,对于污酸中砷离子去除影响较小;液相终止 pH 值略显上升趋势主要是由于脱硫液 pH 值高于污酸 pH 值,实验中增加铁砷摩尔比意味着加入更多脱硫液,因此,液相终止 pH 值略显上升趋势。

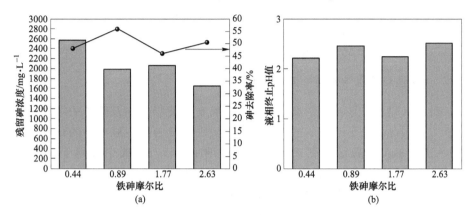

图 4-7 铁砷摩尔比对矿浆脱除污酸中砷性能的影响

(a) 砷去除率;(b) 液相终止 pH 值

(反应温度 40 ℃,初始 pH=3,无氧化剂,反应时间 2 h)

此外,铜冶炼地面洗涤废水等会产生低浓度含砷废水,因此,针对探究了该部分废水中砷的净化性能。通过改变脱硫液添加量,控制初始 Fe/As 摩尔比 (0.5~6),初始浆液 pH 值为 5,反应温度 40 ℃,反应 2 h 后,过滤分离,测定液相砷离子浓度和终止 pH 值,考察初始 Fe/As 摩尔比对低浓度酸性废水除砷性能的影响,结果如图 4-8 所示。

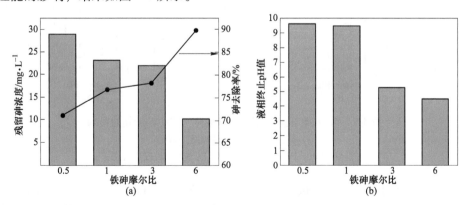

图 4-8 Fe/As 摩尔比对矿浆脱硫液脱除含砷废水中砷性能的影响

(a) 砷去除率;(b) 液相终止 pH 值

由图 4-8 (a) 可以发现,随着铁砷摩尔比从 0.5 增加到 3 时,矿浆脱硫液对低浓度酸性废水中砷离子的去除率从 71.09% 增加到 78.17%,铁砷摩尔比达到 6

时，砷离子去除率达 89.83%；随着铁砷摩尔比从 0.5 增加至 6 时，液相 pH 值从 9.64 降至 4.54，主要原因可能为 $Ca(OH)_2$ 加入后，使液相 pH 值增加至 9.64，增加铁砷摩尔比意味着增加脱硫液，而脱硫液为酸性，因此，随着铁砷摩尔比的增加，除砷液终止 pH 值呈现下降趋势。此外，不同铁砷摩尔比下，除砷液实物颜色如图 4-8 所示。由图可以发现，随着铁砷摩尔比的增加，液相颜色逐渐变红，这证实了 Fe^{2+} 氧化并水解。

4.2.2 pH 值对废水中砷脱除效率的影响

液相 pH 值影响浆液中铁离子的水解、氧化、絮凝性能及砷离子在液相中的形态[181]，因此研究不同初始液相 pH 值对含铁浆液去除污酸中砷的影响，结果如图 4-9 所示。随着液相初始 pH 值从 2 增加至 9，污酸中砷离子去除率从 52.55% 增加至 99.57%，液相终止 pH 值从 1.58 增加至 6.85。黄自力等[182] 以 $Ca(OH)_2$ 溶液为沉淀剂，处理模拟含砷水砷酸钠溶液，在 pH 值为 12，Ca/As 摩尔比为 6 时，使用石灰沉淀法进行除砷，除砷率可达 99.05%，砷离子去除率呈上升趋势主要是由于增加了初始 pH 值，液相中 Ca^{2+} 浓度增加，其与污酸中 SO_4^{2-} 生成 $CaSO_4 \cdot 2H_2O$ 沉淀，该过程可能沉淀或吸附污酸中砷离子；此外，随着液相中 pH 值增加，部分 Fe^{2+} 形成 $Fe(OH)_2$。

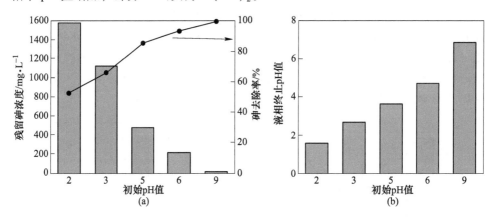

图 4-9　初始 pH 值对矿浆脱硫液脱除污酸中砷性能的影响
(a) 砷去除率；(b) 液相终止 pH 值
（反应温度 40 ℃，Fe/As 摩尔比 2.63，无氧化剂，反应时间 2 h）

此外，通过加入一定体积脱硫液，控制初始 Fe/As 摩尔比 3，使用 CaO 水溶液调节初始浆液 pH 值（pH 值为 3~11），反应 2 h 后，过滤分离，测定液相砷离子浓度和终止 pH，考察初始 pH 对除砷性能的影响，结果如图 4-10 所示。

由图 4-10 (a) 可以发现，随着液相初始 pH 值从 3 增加到 9 时，矿浆脱硫液对低浓度酸性废水中砷离子的去除率从 30.53% 增加到 84.62%，液相初始 pH 值增加到 11 时，砷离子去除率达 88.60%，主要原因可能是升高反应初始 pH 值，

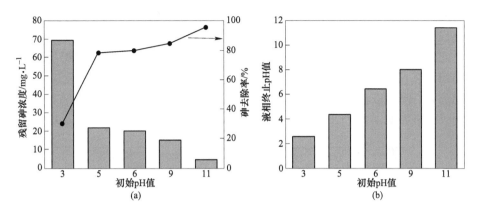

图 4-10　初始 pH 值对矿浆脱硫液脱除含砷废水中砷性能的影响

（a）砷去除率；（b）液相终止 pH 值

促进了 Fe^{2+} 的沉淀，从而促进了砷的去除，随着液相初始 pH 值的增加，除砷液终止 pH 值呈现增加趋势。

4.2.3　H_2O_2 添加量对废水中砷脱除效率的影响

铁离子和砷离子的形态影响液相中砷离子的去除性能，H_2O_2 为液相中砷去除的绿色高效氧化剂[183]。因此，探究了 H_2O_2 对废水中砷去除性能的影响，结果如图 4-11 所示。当液相中 H_2O_2 添加量为 Fe^{2+} 摩尔浓度的 0.8 倍时，污酸中砷离子去除率从 52.55% 增至 97.13%，随着 H_2O_2 添加量增加至 Fe^{2+} 摩尔浓度的 1.2 倍，砷离子去除率缓慢增加至 99.36%，液相终止 pH 值总体维持在 2.2 ~ 2.4，其原因可能为 H_2O_2 促使 Fe^{2+} 氧化成 Fe^{3+}，此外污酸中 As^{3+} 被氧化为 As^{5+}，

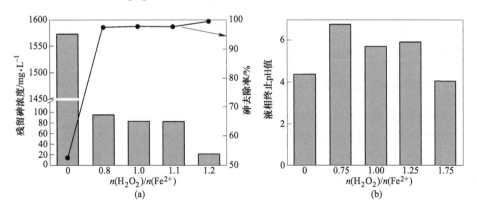

图 4-11　H_2O_2 添加量对矿浆脱硫液脱除污酸中砷性能的影响

（a）砷去除率；（b）液相终止 pH 值

（反应温度 40 ℃，Fe/As 摩尔比 2.63，初始 pH=3，反应时间 2 h）

随后 Fe^{3+} 沉淀促进了污酸中砷的去除[183,184]。此外,研究表明 Fe^{2+} 氧化或 Fe^{3+} 水解过程形成的低结晶度的水铁矿有助于液相中离子的吸附[185]。

此外,加入一定体积脱硫液,控制初始 Fe/As 摩尔比 3,使用 CaO 水溶液调节初始浆液 pH 值为 5,针对低浓度酸性废水,添加一定量 H_2O_2,反应 2 h 后,过滤分离,测定液相砷离子浓度和终止 pH 值,探究 H_2O_2 剂量对脱硫液除砷的影响,结果如图 4-12 所示。

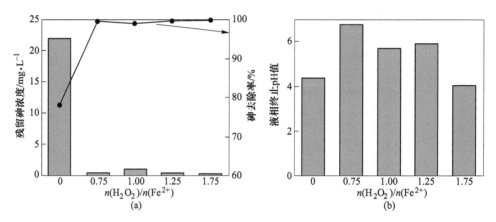

图 4-12 H_2O_2 量对矿浆脱硫液脱除含砷废水中砷性能的影响

(a) 砷去除率;(b) 液相终止 pH 值

由图 4-12 (a) 可以发现,随着 H_2O_2 的添加,矿浆脱硫液对低浓度酸性废水中砷离子的去除率从 74.31% 增加到 98.99%,随着 H_2O_2 添加量的增加,砷离子去除率无明显变化,主要原因可能是升高反应初始 pH 值,促进了 Fe^{2+} 的沉淀,从而促进了砷的去除,随着 H_2O_2 的添加,除砷液终止 pH 值首先从 4.36 增加到 6.75,随后随着 H_2O_2 添加量的增加,除砷液终止 pH 值呈现下降趋势,这是由于 H_2O_2 为酸性,促使液相 pH 值的降低。

4.2.4   反应温度对废水中砷脱除效率的影响

反应温度影响液相中铁离子的氧化及沉淀的结晶性能,因此研究不同温度对污酸中砷离子的去除性能,结果如图 4-13 所示。随着反应温度从 20 ℃ 增加至 80 ℃,污酸中砷离子去除率从 97.13% 缓慢增加至 99.72%,残留砷离子降至 9.25 mg/L,液相终止 pH 值从 2.6 略降低至 2.39,其原因可能为高温有利于 Fe^{3+} 水解形成 $Fe(OH)_3$,从而促进污酸中砷的吸附去除。

此外,加入一定体积脱硫液,控制初始 Fe/As 摩尔比 3,液相初始 pH 值为 5,调节反应温度(20~80 ℃),反应 2 h 后,过滤分离,考察反应温度对低浓度砷除砷性能的影响,结果如图 4-14 所示。

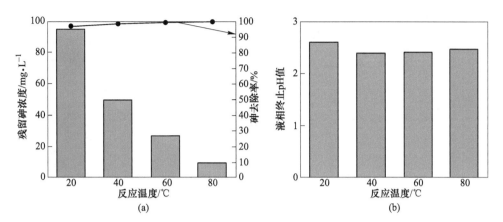

图 4-13 反应温度对矿浆脱硫液脱除污酸中砷性能的影响

（a）砷去除率；（b）液相终止 pH 值

（Fe/As 摩尔比 2.63，初始 pH=3，$n(H_2O_2)/n(Fe^{2+})=1$；反应时间 2 h）

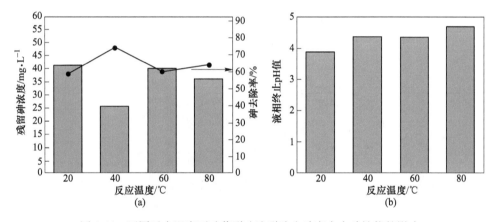

图 4-14 不同反应温度下矿浆脱硫液脱除含砷废水中砷性能的影响

（a）砷去除率；（b）液相终止 pH 值

由图 4-14（a）可以发现，随着反应温度从 20 ℃增加到 40 ℃时，矿浆脱硫液对低浓度酸性废水中砷离子的去除率从 59.95%增加到 74.31%，反应温度到 60 ℃时，砷离子去除率达 60.14%；随着反应温度继续增加至 80 ℃时，砷离子去除率达 63.94%，主要原因可能为升高温度，促进了 Fe^{2+} 的氧化，并促进了砷离子的沉淀，随着反应温度的增加，除砷液终止 pH 值呈现增加趋势。

4.2.5 矿浆脱硫母液净化废水中砷的脱除机制

4.2.5.1 固相产物表征

为了探究含铁脱硫液对于含砷废水中砷离子去除机制，测定了不同条件下固相产物的 XRD 和 FTIR，结果如图 4-15~图 4-19 所示。

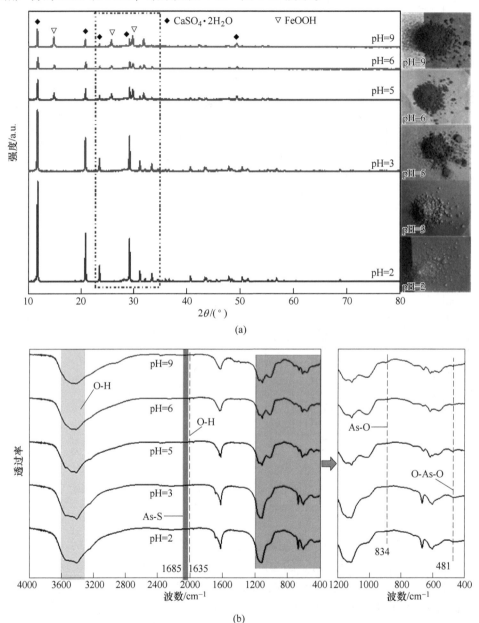

图 4-15　不同液相初始 pH 下脱硫液净化污酸中砷所得沉淀的表征
(a) XRD; (b) FTIR

　　图 4-15 为不同液相初始 pH 下脱硫液净化污酸中砷所得沉淀的 XRD 图谱和 FTIR 图谱。由图 4-15 (a) 可以发现，随着液相初始 pH 值的提高，对应于

11.70°、20.83°、29.06°、40.67°的峰逐渐消失，在初始 pH > 5 后，14.79°、25.95°、29.84°出现新峰，其归属于 FeOOH[192]。红外光谱（见图 4-15（b））中吸收峰主要在 400~1200 cm^{-1}存在差异，初始 pH>5 后，1000 cm^{-1}的吸收峰进一步增强，主要原因为吸附的 As，该结果与前文除砷性能提升一致。

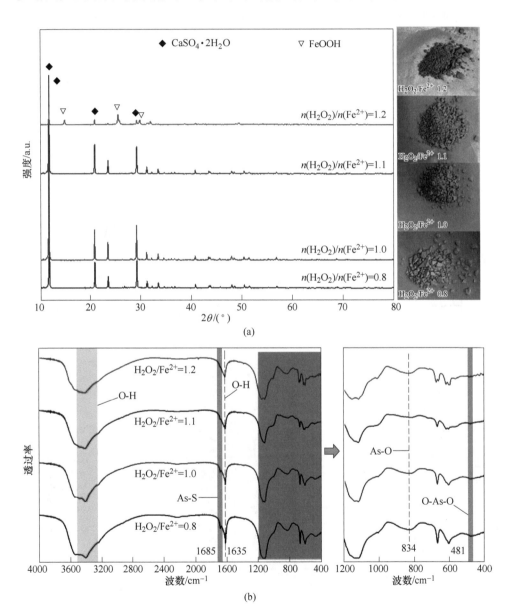

图 4-16　不同 H$_2$O$_2$ 添加下脱硫液净化污酸中砷所得沉淀的表征

（a）XRD；（b）FTIR

　　图 4-16 为不同氧化剂下脱硫液净化污酸中砷所得沉淀的 XRD 图谱和 FTIR 图谱。由图 4-16（a）可以发现，随着氧化剂添加量的增加，对应于 23°、29.06°的峰归属于 $CaSO_4 \cdot 2H_2O$，其峰强逐渐降低，25.95°、29.84°对应的峰逐渐增加，这可能是由于随着 H_2O_2 剂量的增加，沉淀中 FeOOH 含量不断增加，从而 $CaSO_4 \cdot 2H_2O$ 含量相对降低。红外图谱中 600 cm^{-1} 的吸收峰进一步证实了砷的吸附。

　　图 4-17 为 20~80 ℃下脱硫液净化污酸中砷所得沉淀的 XRD 图谱和 FTIR 图

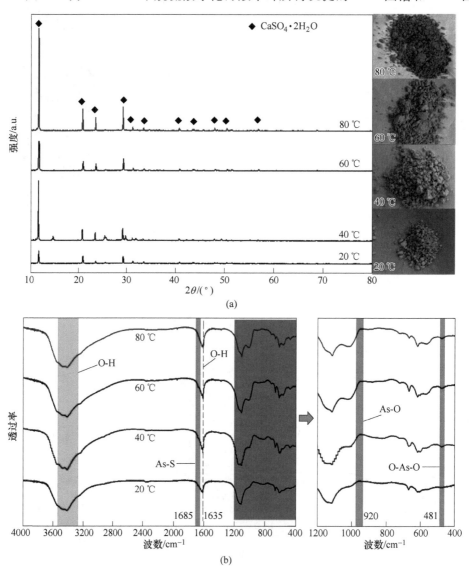

图 4-17　不同温度下脱硫液净化污酸中所得砷沉淀的表征
(a) XRD；(b) FTIR

谱。由图 4-17（a）可以发现，沉淀渣组分主要为 $CaSO_4 \cdot 2H_2O$（PDF 72-0596）。随着反应温度从 20 ℃ 增加至 80 ℃，沉淀渣的 XRD 主峰不断升高，FeOOH 存在证实了升高反应温度有利于沉淀形成。图 4-17（b）表明样品中主要含自由水，吸收峰主要在 $400 \sim 1200 \ cm^{-1}$ 存在差异，随着温度增加，吸附的 As 不断出现，该结果间接证实了升温促进液相中砷的去除。

图 4-18 为不同铁砷摩尔比下脱硫液净化污酸中砷所得沉淀的 XRD 图谱。从图中可以发现，无双氧水下，仅通过增加液相铁砷摩尔比，渣中主要组分仍为 $CaSO_4 \cdot 2H_2O$，这也间接解释在初始 pH 值为 3 时，砷去除性能较差的原因。

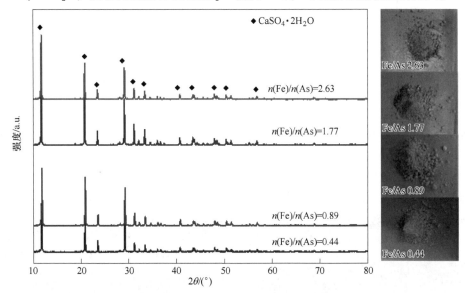

图 4-18 不同铁砷摩尔比下脱硫液净化污酸中砷沉淀的 XRD 图

为了探究脱硫液对于酸性废水中低浓度砷的作用机制，测定了不同条件下沉砷渣的 XRD，结果如图 4-19 所示。由图可以发现，在无 H_2O_2 氧化下，升高温度

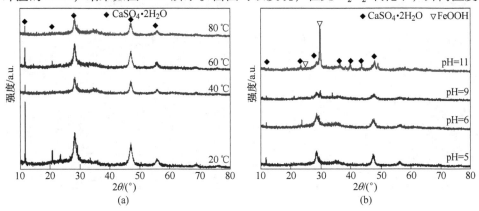

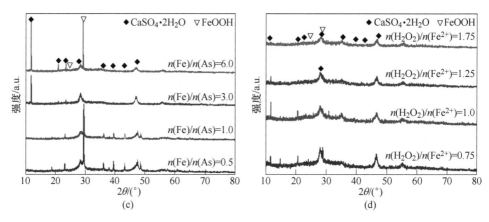

图 4-19　不同条件含铁浆液去除低浓度砷所得沉淀的 XRD 图
（a）温度；（b）pH 值；（c）铁砷摩尔比；（d）H_2O_2 添加量

后沉淀渣的主要峰位置未发生改变，而升高液相初始 pH 值、铁砷摩尔比、添加 H_2O_2 有利于产物中出现 FeOOH，该结果与砷去除性能提高一致。

为了探究脱硫液对砷去除的作用机制，测定了脱硫液脱除酸性废水中砷和有无氧化剂下脱硫液脱除污酸中砷产物的 SEM，结果如图 4-20 所示。

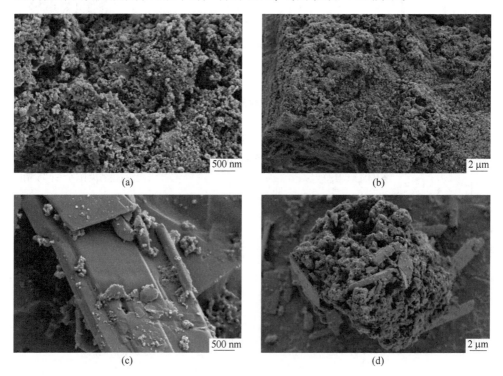

(e) (f)

图 4-20 不同条件含铁浆液除砷沉淀的 SEM 图

(a)，(b) 低浓度酸性废水所得沉砷渣；(c)，(d) H₂O₂ 氧化下高浓度污酸沉砷渣；

(e)，(f) 无 H₂O₂ 氧化下高浓度污酸沉砷渣

由图 4-20 可见，对于低浓度砷，除砷产物主要呈球形颗粒状，相互包裹；对于污酸中高浓度砷，所得沉淀主要呈柱状，在有氧化剂存在下，柱状结构更为突出。结合图 4-21～图 4-23 中能谱分布，沉淀中主要含 O、Mg、Ca、Fe、As 等元素；可能存在的物相汇总于表 4-1，结果进一步表明产物主要以 $CaSO_4$、CaF_2、

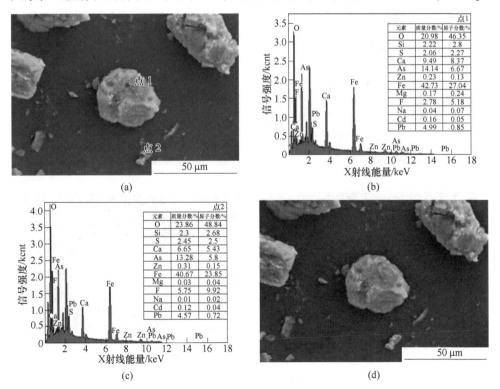

点1

元素	质量分数/%	原子分数/%
O	20.98	46.35
Si	2.22	2.8
S	2.06	2.27
Ca	9.49	8.37
As	14.14	6.67
Zn	0.23	0.13
Fe	42.73	27.04
Mg	0.17	0.24
F	2.78	5.18
Na	0.04	0.07
Cd	0.16	0.05
Pb	4.99	0.85

点2

元素	质量分数/%	原子分数/%
O	23.86	48.84
Si	2.3	2.68
S	2.45	2.5
Ca	6.65	5.43
As	13.28	5.8
Zn	0.31	0.15
Fe	40.67	23.85
Mg	0.03	0.04
F	5.75	9.92
Na	0.01	0.02
Cd	0.12	0.04
Pb	4.57	0.72

(a) (b) (c) (d)

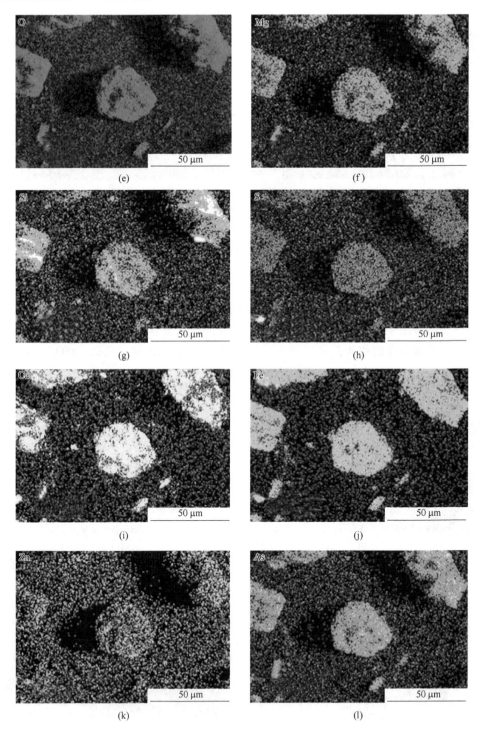

图 4-21   矿浆脱硫液脱除酸性废水中砷沉淀渣的 SEM-EDS 图

FeOOH 组成，对于废水中低浓度砷的去除，可能由于砷与铁形成砷酸盐沉淀，对于高浓度砷，由于大量含铁液的使用，砷主要由于 FeOOH 吸附作用和共沉淀作用去除。样品中存在的 CaF_2，可能是由于废水中 F^- 与调节浆液使用的 Ca^{2+} 形成沉淀。此外，Gao 等[131]针对浸出液中的砷，采用铁盐沉砷-富里酸水泥固化思路，显著提升了含砷渣的物理包裹性能，为烟尘的无害化处置提供了理论基础。

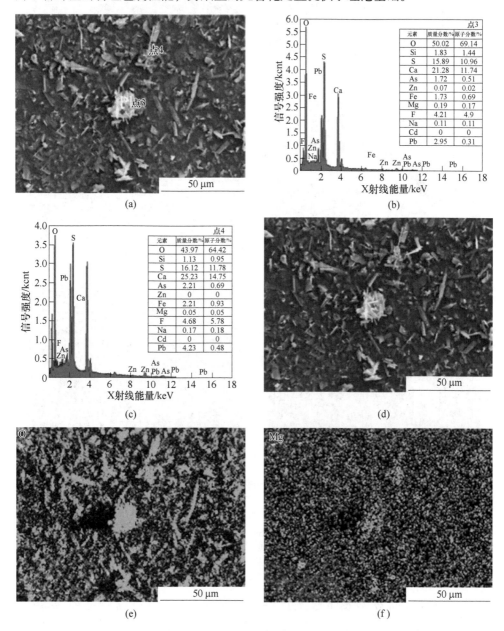

(a)

点3

元素	质量分数/%	原子分数/%
O	50.02	69.14
Si	1.83	1.44
S	15.89	10.96
Ca	21.28	11.74
As	1.72	0.51
Zn	0.07	0.02
Fe	1.73	0.69
Mg	0.19	0.17
F	4.21	4.9
Na	0.11	0.11
Cd	0	0
Pb	2.95	0.31

(b)

点4

元素	质量分数/%	原子分数/%
O	43.97	64.42
Si	1.13	0.95
S	16.12	11.78
Ca	25.23	14.75
As	2.21	0.69
Zn	0	0
Fe	2.21	0.93
Mg	0.05	0.05
F	4.68	5.78
Na	0.17	0.18
Cd	0	0
Pb	4.23	0.48

(c)

(d)

(e)

(f)

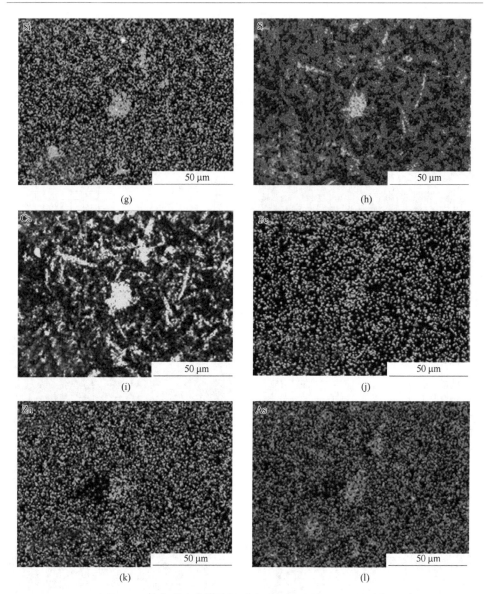

图 4-22　矿浆脱硫液脱除污酸中砷沉淀渣的 SEM-EDS 图

表 4-1　EDS 点元素组成，Ca∶Fe∶As 原子比和可能物相

样品	O（质量分数）/%	Ca（质量分数）/%	As（质量分数）/%	Fe（质量分数）/%	Pb（质量分数）/%	Zn（质量分数）/%	Si（质量分数）/%	S（质量分数）/%	F（质量分数）/%	Fe∶As∶Ca∶O（原子比）	组分
点 1	46.35	8.37	6.67	27.04	0.85	0.13	2.8	2.27	5.18	4∶1∶1∶6	$CaSO_4 \cdot 2H_2O$, CaF_2, $FeAsO_4$, $FeOOH$

续表 4-1

样品	O(质量分数)/%	Ca(质量分数)/%	As(质量分数)/%	Fe(质量分数)/%	Pb(质量分数)/%	Zn(质量分数)/%	Si(质量分数)/%	S(质量分数)/%	F(质量分数)/%	Fe:As:Ca:O(原子比)	组分
点2	48.84	5.43	5.8	23.85	0.72	0.15	2.68	2.5	9.92	4:1:1:8	$CaSO_4 \cdot 2H_2O$, CaF_2, $FeAsO_4$, FeOOH
点3	69.14	11.74	0.51	0.69	0.31	0.02	1.44	10.96	4.9	1:1:20:120	$CaSO_4 \cdot 2H_2O$, CaF_2, FeOOH
点4	64.42	14.75	0.69	0.93	0.48	0.12	0.95	11.78	5.78	1:1:15:70	$CaSO_4 \cdot 2H_2O$, CaF_2, FeOOH
点5	69.14	11.74	0.51	0.69	0.31	0.02	1.44	10.96	4.9	1:1:20:100	$CaSO_4 \cdot 2H_2O$, CaF_2, FeOOH
点6	55.17	20.4	0.75	1.63	0.39	0.12	0.15	18.66	2.75	2:1:12:70	$CaSO_4 \cdot 2H_2O$, CaF_2, FeOOH

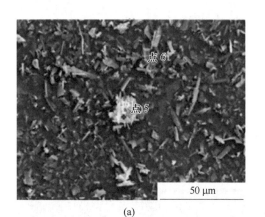

(a)

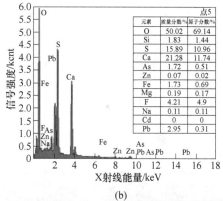

(b)

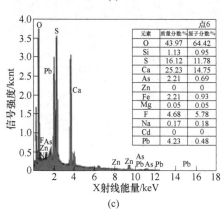

(c)

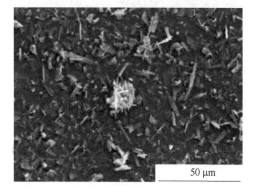

(d)

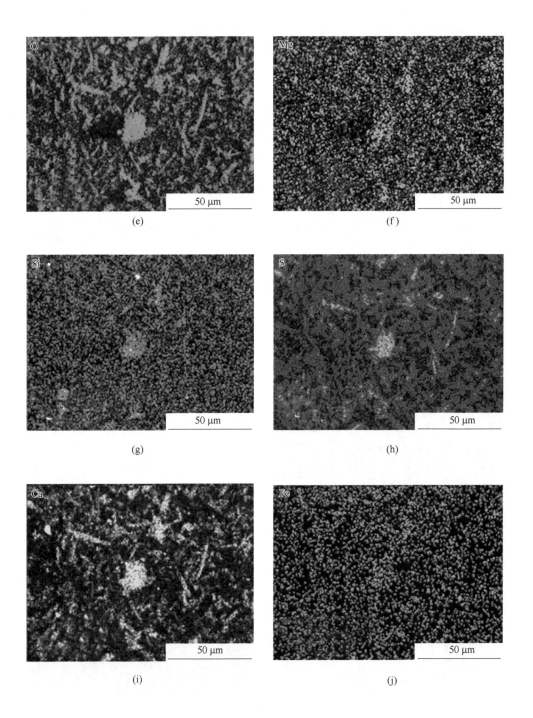

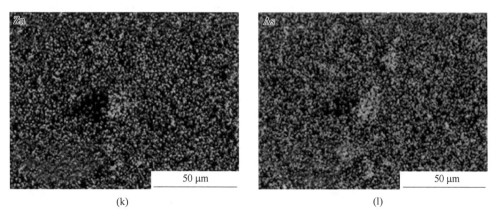

图 4-23 矿浆脱硫液氧化脱除污酸中砷所得沉淀渣的 SEM-EDS 图

为了进一步揭示矿浆脱硫液净化液相中砷的作用机制，分别测定了有无氧化剂下脱硫浆液除砷产物的 X 射线光电子能谱，结果如图 4-24 所示。由图 4-24（a）全谱可以发现，样品表面均含有 Fe、Si、O、S、As、Ca，需要注意的是，对于高浓度污酸，添加 H_2O_2 后，样品表面铁的峰高相对降低，这可能是由于样品中含有大量 $CaSO_4$ 且分布不均匀。不同条件下沉淀产物的 As 3d、S 2p、Fe $2p_{3/2}$ 如图 4-24（d）~（f）所示。经分析后，样品中主要含有 As(Ⅲ)-O、As(Ⅴ)-O、$CaSO_3$、$CaSO_4$；此外，如表 4-2 所示，在氧化剂存在下，样品中出现 As-Fe-O，样品表面 As(Ⅲ)-O 含量相对降低。

表 4-2 矿浆脱硫液除砷所得沉淀的 XPS 分析

样品	种类	低浓度砷				高浓度砷			
		脱硫液+CaO		脱硫液+CaO+H_2O_2		脱硫液+CaO		脱硫液+CaO+H_2O_2	
		组合能/eV	含量/%	组合能/eV	含量/%	组合能/eV	含量/%	组合能/eV	含量/%
As 3d	As(Ⅲ)-O	44.55	71.43	44.26	16.35	44.53	70.00	43.02	29.02
	As(Ⅴ)-O	45.66	28.57	45.36	60.81	45.30	30.00	45.81	55.73
	As-Fe-O	—	—	46.62	22.83	—	—	46.88	15.25
S 2p	$CaSO_3$	168.32	56.61	165.02	20.27	168.84	51.55	166.75	21.89
	$CaSO_4$	169.36	43.39	169.68	67.07	169.96	48.45	167.98	18.05
	$CaSO_4$	—	—	170.67	12.66	—	—	170.54	60.07
Fe $2p_{3/2}$	Fe(Ⅱ)-O	709.96	27.00	710.65	24.63	—	—	709.33	55.42
	Fe(Ⅲ)-O	711.49	46.75	712.08	48.28	711.87	78.71	712.18	17.94
	Fe(Ⅱ)-O，卫星峰	714.41	26.25	714.37	27.09	714.92	21.29	715.33	26.64

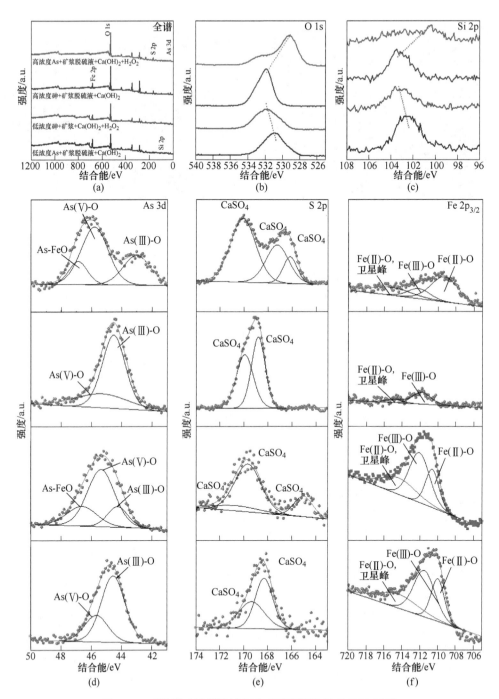

图 4-24　矿浆脱硫液脱除液相中砷所得沉淀渣的 XPS 图谱

（a）总谱；（b）O 1s；（c）Si 2p；（d）As 3d；（e）S 2p；（f）Fe 2p$_{3/2}$

4.2.5.2 矿浆脱硫浆液除砷机理

Fujita 等[186]研究发现高砷浓度是形成臭葱石的关键因素。Zhang 等[187]发现 $FeSO_4$ 对砷的去除效果为 4%。李小亮等[188]研究发现铁砷共沉淀中硫酸钙对砷的固定作用在 0.5%~2%，且固定作用随 pH 值的增加而提高，结合实验结果与性能表征，脱硫液去除砷的可能作用机制如图 4-25 所示。对于低浓度砷，可能由于砷酸盐沉淀实现砷的去除；对于高浓度砷的去除，主要由于 FeOOH 吸附作用。在氧化剂的作用下，亚铁离子氧化并转化为 FeOOH；当温度较高时，部分 Fe^{2+} 氧化后与砷离子形成无定形臭葱石。此外，在 pH<6 时，As(Ⅴ)可能与沉淀表面吸附的 SO_4^{2-} 发生离子交换作用固砷[189]。除砷过程可能涉及的反应如下所示。

（1）废水中酸性组分的中和：

$$CaO + H_2O =\!=\!= Ca(OH)_2 \tag{4-1}$$

$$Ca(OH)_2 + H_2SO_4 =\!=\!= CaSO_4 + 2H_2O \tag{4-2}$$

（2）Fe^{2+} 的水解与氧化：

$$FeSO_4 + H_2O =\!=\!= Fe(OH)_2 + H_2SO_4 \tag{4-3}$$

$$4Fe(OH)_2 + 2H_2O + O_2 =\!=\!= 4Fe(OH)_3 \tag{4-4}$$

（3）砷离子的氧化、吸附与共沉淀：

$$As^{3+} + H_2O_2 =\!=\!= As^{5+} + 2OH^- \tag{4-5}$$

$$2Fe^{3+} + H_3AsO_3 + H_2O =\!=\!= 2Fe^{2+} + H_3AsO_4 + 2H^+ \tag{4-6}$$

$$Fe^{3+} + H_3AsO_4 + 2H_2O =\!=\!= FeAsO_4 \cdot 2H_2O + 3H^+ \tag{4-7}$$

$$AsO_3^{3-} + Fe(OH)_3 =\!=\!= FeAsO_3 + 3OH^- \tag{4-8}$$

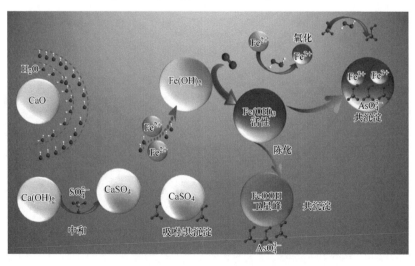

图 4-25　含铁脱硫液净化废水中砷的可能作用机制图

4.3　本 章 小 结

本章针对铜冶炼环境烟气中存在低浓度 SO_2 和砷，探究铜渣尾矿烟气除硫性能，并以脱硫后浆液为铁源，基于铁砷离子强大亲和性，考察了温度、铁砷摩尔比、初始 pH 值、H_2O_2 添加量等因素对污酸和酸性废水中砷净化性能的影响，分析了除砷产物，阐明了脱硫浆液除砷机制。主要结论如下：

（1）铜渣尾矿脱硫性能良好，30 ℃有利于 SO_2 的吸收，实现铜渣尾矿矿浆法脱硫需强化鼓风氧化配件、强化逆喷吸收配件、高效除雾研发；

（2）脱硫后浆液净化高浓度砷的最佳条件为铁砷摩尔比 2.63，初始浆液 pH 值为 5，H_2O_2 添加量为铁离子摩尔量 1.2 倍时，砷去除率达 99.36%，温度对砷的去除效率无影响，低温主要为共沉淀，高温为氢氧化铁共沉淀与硫酸钙共同作用。脱硫后浆液净化低浓度酸性废水中砷的最佳条件为铁砷摩尔比 3，初始浆液 pH 值为 5，H_2O_2 添加量为铁离子摩尔浓度的 1.25 倍时，反应 2 h 后，砷去除率达 98.99%，除砷机制主要为吸附共沉淀；

（3）针对铜冶炼行业高浓度污酸，可采用脱硫后浆液两级沉淀实现污酸中砷的分离，浆液可部分替代铜冶炼厂铁盐的使用。

5 蒸发冷却酸洗除砷及硫砷转化利用工艺

由于伴砷硫化铜冶炼原料的使用，铜冶炼烟气中砷含量不断升高，经传统洗涤形成砷含量高的硫酸，易引发工艺指标波动及设备腐蚀[190,191]。传统有色冶炼烟气除砷过程较为烦琐且运行成本较高，产生的大量污酸难以处理，给企业带来沉重负担。针对有色金属冶炼制酸工艺中砷的净化及含砷污酸治理和资源化技术难题，沉淀、吸附、离子交换等末端控制研究较多[192]，但会产生大量固废。王海荣等[193]对铜冶炼烟气制酸中固体废物技术优化，实现铼的富集和中和渣的减量化，但其固废量仍较大。此外，含砷烟尘外售渠道不断变窄，企业生产经营面临的压力及风险逐步加大。随着国家对环保问题的日益重视，铜冶炼烟尘中砷与有价金属的分离与回收备受关注，处理方法主要包括火法工艺（熔池熔炼或鼓风炉冶炼），湿法工艺（酸浸、碱浸、萃取、置换），湿法-火法联合处理工艺。火法工艺主要将含砷烟尘配铅锌矿，以回收铅锌为主，附带回收其他金属物料，如冰铜；湿法工艺利用矿物在浸出剂中溶解性能的差异来分离，并回收溶液中的铜、锌、铟等；大量研究发现酸性浸出可高效分离铜冶炼烟尘中砷与锌、铜等金属，但相关研究多以硫酸为浸出剂，浸出成本相对较高，且浸出后液相中金属分离系统研究相对较少。而湿法-火法联合处理工艺，则是全流程回收烟尘中的有价金属。企业应针对物料矿物学特性，选择不同处理方式。研究发现，污酸富含氢离子，是一种潜在的浸出剂[194]；含硫烟气可用于分离污酸中砷[195]。因此，基于以废治废思路，实现冶炼过程多污染物的协同控制与综合利用是行业的发展趋势。

本章结合传统烟气净化工艺，以铜冶炼含硫高砷烟气净化及酸回收为研究对象，研发铜冶炼高砷烟气蒸发冷却酸洗除砷及多相态硫砷资源转化回收技术工艺，最大限度减少含砷污酸的产生。首先研究 As_2O_3 浓度、烟气入口温度、喷水量等对含砷高温烟气冷却氧化砷相变成粒的影响，获得最佳蒸发冷却酸洗除砷操作工艺参数，研究高浓度硫酸下硫化氢深度除砷性能及机理；然后，探究不同条件硫酸溶液对铜冶炼烟尘中砷与铜、锌浸出特性的影响，揭示白烟尘中金属硫酸化浸出机制；此外，基于液相中砷与其他金属的分离特性，探究 SO_2 还原沉砷-硫化砷渣原位供硫分离铜砷性能，并建立烟尘中砷与有价金属物料平衡，以期为铜冶炼行业含砷烟尘及高浓度含硫砷烟气资源利用提供参考。

5.1　含砷烟气蒸发冷却酸洗除砷及硫的转化利用

5.1.1　气液比对蒸发除砷的影响

收砷系统采用雾化水喷淋冷却烟气，烟气中水蒸气的大量增加会降低烟气露点温度。喷淋水不足，则温度达不到 As_2O_3 相变温度要求，造成烟气出口温度过高且砷含量高，降低砷回收率；如果喷淋水过量，将导致烟气含水量过高，从而烟气露点过低，烟气中 SO_2 与 H_2O 结合冷凝成稀硫酸腐蚀设备；如果喷淋水不均匀，造成烟气降温分布不均，气态 As_2O_3 会转化为非气态的玻璃砷堵塞管道[196]。因此，研究喷水量对烟气温度及砷去除的影响极其重要。

雾化水喷淋冷却实质上采用热交换的原理，水蒸发吸收的热量等于降温后烟气释放的热量。根据热平衡原理可以推算出理论上的喷水量，公式如下[197]：

$$W = \frac{Q_n \Delta T c_p}{r} \tag{5-1}$$

式中　W——喷水量，kg/h；

　　　Q_n——干烟气量，m^3/h；

　　　ΔT——入口烟气温度与出口烟气温度之差，K；

　　　c_p——烟气比定压热容，kJ/($m^3 \cdot$ K)。当 $\Delta T \leqslant 200$ K 时，$c_p = 1.433$；当 ΔT $\leqslant 400$ K 时，$c_p = 1.476$；当 $\Delta T \leqslant 600$ K 时，$c_p = 1.512$；当 $\Delta T > 600$ K 时，$c_p = 1.545$；

　　　r——水的汽化潜热，取值 2500，kJ/kg。

根据现场工况，干烟气量 $Q_n = 5000$ m^3/h，冷却系统入口烟气温度为 280 ℃，出口烟气温度为 90 ℃，即 $\Delta T = 190$ K。代入公式后可得喷水量（W）：

$$W = \frac{5000 \times 190 \times 1.433}{2500} = 544.5 (kg/h)$$

经计算，确定蒸发收砷理论最佳液气比为 11∶1。

5.1.2　烟气温度对除砷的影响

As_2O_3 在不同温度气体中的饱和含量不同，当烟气温度急剧下降时，As_2O_3 会结晶成固体而析出。因此，研究了烟气中 As_2O_3 在不同烟气温度下（50 ~ 250 ℃）的饱和质量浓度变化，如图 5-1 所示。100 ℃下烟气中 As_2O_3 的浓度能够稳定维持在较低水平；随着温度升高至 150 ℃，烟气中的 As_2O_3 浓度迅速升高。因此，控制烟气温度是影响除砷效率的重要环节。

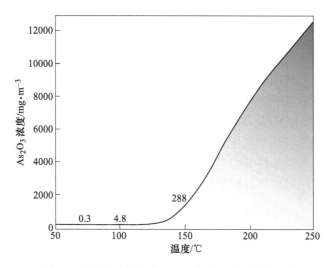

图 5-1　不同烟气温度中 As_2O_3 的饱和质量浓度变化

5.1.3　硫酸浓度对含砷烟气除砷效率的影响

　　不同硫酸浓度下 As_2O_3 的溶解度差异明显，当硫酸浓度为 50% ~ 55% 时 As_2O_3 的溶解度最低。基于此，测定不同硫酸浓度的洗涤液喷淋含砷烟气后剩余砷浓度，实验结果如图 5-2 所示，相同温度和反应时间下，在硫酸浓度为 0~60% 时，随着硫酸浓度的增加除砷效率从 91.3% 降至 81.6%，当硫酸浓度大于 60% 后又有所回升，除砷效率的规律与不同浓度硫酸对氧化砷溶解度的影响规律相近。

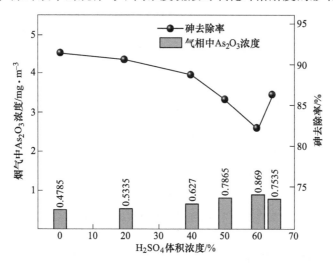

图 5-2　硫酸浓度对含砷烟气除砷效率的影响

5.1.4 硫酸洗涤除砷机制

结合传统烟气稀酸洗涤工艺，采用有色冶炼制酸烟气蒸发冷却酸洗除砷净化方法，将砷在工艺前端开路，最大限度减少含砷污酸的产生。如图 5-3 不同温度下 As_2O_3 在硫酸中溶解度和图 5-4 在不同温度下 As_2O_3 的饱和蒸汽压所示，利用 As_2O_3 在硫酸浓度为 50%~55% 时溶解度为最低值、降低烟气温度利于 As_2O_3 析出这一特性，骤冷后烟气温度为 90 ℃，能够使气态氧化砷相变为颗粒态，使烟气中的砷在低温高酸条件下结晶析出，实现氧化砷的沉淀分离，温度骤冷会导致较多酸雾产生，同时可被硫酸溶液吸收[198,199]。

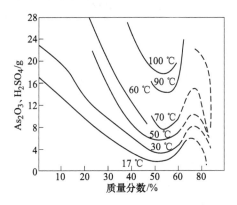

图 5-3　不同硫酸浓度和温度下 As_2O_3 的溶解度[200]

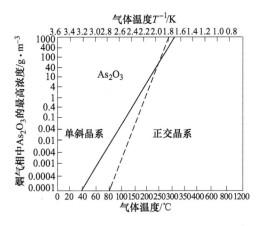

图 5-4　不同温度下 As_2O_3 的蒸气浓度（0 ℃和 1013 kPa 时）[200]

基于氧化砷溶解的特殊性并兼顾资源高效回收，研发烟气冷却收砷工艺，将含砷高温高硫烟气在密闭管道内与水滴接触蒸发冷却，烟气温度骤降至 90 ℃，氧化砷由气态转变为颗粒态,烟气经 50% ~ 55% 的硫酸洗涤净化除砷,再经过除雾器和除尘器深度净化后送入制酸系统。硫酸洗涤液经过氟氯净化和重金属去除后再生循环利用,实现含砷烟气的高效回收。较传统稀酸法在洗涤过程即使砷析出开路,且硫化渣量仅为现有方法的 1/10,污酸经氟、氯和重金属脱除后可回用到制酸系统,有效简化现有烟气净化流程及硫化法处理污酸的流程,大幅降低运行成本,且不产生石膏中和渣。

5.1.5 脱砷后污酸中重金属硫化脱除

5.1.5.1 浓硫酸中砷的 H_2S 硫化矿化机理

溶解于硫酸中的砷元素主要以砷酸和亚砷酸的形式存在,硫酸中白砷沉淀析出的过程实质是在硫酸的脱水作用下亚砷酸分子脱水聚合生成白砷的过程,当 H_2S 与该体系发生反应时,五价砷将因为 H_2S 的还原作用而转变为三价砷,因此 H_2S 对含砷硫酸的硫化过程为 H_2S 与其中亚砷酸分子的反应过程[201]。

H_2S 作为难电离物质,在强酸中很难解离出 S^{2-},然而亚砷酸和 H_2S 的反应并非只涉及 S^{2-} 离子,而是各种形态硫物种和砷物种相互作用的复杂化学平衡体系,在不考虑多聚物物种的情况下,该反应可能涉及的物种包括 As_2S_3、As_4S_4、H_2S、HS^-、S^{2-}、H_3AsO_3、H_3AsSO_2、H_3AsS_2O、H_3AsS_3、$H_2AsO_3^-$、$H_2AsSO_2^-$、$H_2AsS_2O^-$、$HAsO_3^{2-}$、$HAsSO_2^{2-}$、$HAsS_2O^{2-}$、$HAsS_3^{2-}$ 等[202,203]。Battaglia-Brunet[202] 研究认为,在高酸度条件下,提高 H_2S 的逸度可以使亚砷酸转化为无定型 As_2S_3;Helz[203] 研究发现,高酸度下,溶液中砷物种主要以亚砷酸形态存在,而且总砷浓度随 H_2S 浓度达到饱和而获得最低值;然而这些研究中体系最高酸度仅达到 $pH \approx 2$,与本书体系中高酸度的情况仍有一定差距。蒋国民[204] 通过研究 H_2S 对污酸梯级硫化的过程提出了污酸中总硫浓度 $[S]_T$、pH 值和总砷浓度 $[As]_T$ 的理论计算关系式,在推导过程中纳入了 H_2S 和亚砷酸的两级解离常数、回避了两者产生的多种离子形态难以逐一计算的困难,获得的计算公式如下[204]:

$$[As]_T = (1 + 10^{pH-9.17} + 10^{2pH-23.27}) \cdot \sqrt{\frac{10^{-11.9}}{[S]_T^3}(9.23 \times 10^{2pH-22} + 1.3 \times 10^{pH-7} + 1)^3}$$

(5-2)

将酸溶液中 As 物种和 S 物种均看为来自 As_2S_3 的解离,因此总砷物种 $[As]_T$ 和总硫物种 $[S]_T$ 存在 2:3 的定量关系,即 $3[As]_T = 2[S]_T$,故上式可以求解,对于 55%(质量分数)的硫酸,其硫酸的物质的量浓度为 8.11 mol/L,密度为 1.445 g/mL,根据文献可计算得其 H^+ 浓度为 8.12 mol/L,以 H^+ 浓度代替活度,经计算 pH 值为 -0.91,代入上式可得其中 $[As]_T$ 为 0.00327 mol/L,对应

质量含量为 169.7×10^{-6}。根据国标 GB/T 534—2014（工业硫酸国家标准）的规定，一等品浓硫酸中砷含量限值为 10×10^{-6}，其 SO_3 含量按照 20% 计算（常见发烟硫酸 SO_3 高于该值），则每吨发烟硫酸调配 147 kg 含砷 169.7×10^{-6} 的硫酸（质量分数，55%）可获得 1.147 t 98%（质量分数）的浓硫酸产品，其中砷含量为 30.4×10^{-6}，低于国家标准关于合格品 98% 浓硫酸中砷含量的规定限值（100×10^{-6}）。由此理论计算可知，经过 H_2S 硫化降砷的硫酸（质量分数，55%）可用于系统配酸实现回用[201]。

5.1.5.2　浓硫酸中砷的 H_2S 硫化矿化性能实验

硫化前后相应的硫酸样品照片如图 5-5 所示，未经硫化的 55% 含砷硫酸为澄清透明酸液，当 H_2S 气体通入时，酸液立刻变混浊，并逐渐产生黄色沉淀，实验结束时，有大量黄色固体因为气体鼓泡的作用而飘浮在酸液上部，虽然较纯的 As_2S_3 为柠檬黄色，但由于实验中使用的酸样由现场炼铜烟气经稀酸洗涤而得，其中可能溶有一定量的 SO_2，所以在 H_2S 硫化过程中很可能发生 S^{4+} 和 S^{2-} 的归中反应而产生黄色的单质硫，因此体系中产生大量黄色沉淀的实验现象并不能简单推断出 As_2S_3 的形成。

(a)　　　　　　　　　　　　　　(b)

图 5-5　硫化前后含砷硫酸的照片

(a) 硫化前；(b) 硫化后

硫化前后硫酸中 Na^+、Ca^{2+}、As、Cu^{2+}、Pb^{2+}、Zn^{2+} 的浓度分别如表 5-1 所示。由表可知现场酸样中 As 离子浓度约为 2.5 g/L，同时 Na^+、Ca^{2+} 浓度也较高，这很可能是由于烟气中含有 Na^+、Ca^{2+} 的粉尘，这些粉尘落入稀硫酸洗涤液中并溶解导致酸中 Na^+、Ca^{2+} 浓度较高。就过渡金属 Cu、Pb、Zn 而言，现场酸样中

Zn^{2+} 浓度最高（39.87 mg/L），这可能与现场操作工况有关，另一个原因是 Zn^{2+} 挥发性较强，易于随烟气排出。经过 H_2S 硫化后的酸样中 As、Cu、Pb 几种离子浓度发生了明显降低，As 离子浓度从 1149.98 mg/L 降至 0.96 mg/L，下降了 99.9%，Cu^{2+} 和 Pb^{2+} 浓度分别从 1.12 mg/L 和 1.41 mg/L 降至 0.022 mg/L 和 0.24 mg/L，表明在 55%的硫酸浓度下，H_2S 硫化仍可有效净化 As、Cu、Pb，然而硫化后样品中 Na^+、Ca^{2+}、Zn^{2+} 浓度反而有所上升，原因可能是 Na^+ 和 Ca^{2+} 无法形成不溶性硫化物而被脱除；此外实验中浸泡在 55%硫酸样品中的多孔砂芯可能会释放 Na^+、Ca^{2+}、Zn^{2+}，从而使硫化后酸样中 Na^+、Ca^{2+}、Zn^{2+} 浓度反而上升（见表5-1）。针对铜冶炼烟尘硫酸化浸出后浆液，Zhang 等[205]采用超声强化单斜磁黄铁矿选择性硫化沉淀铜离子，发现硫化过程符合 Avrami 模型，超声促使反应从扩散控制转向化学反应控制。根据文献可知：Zn^{2+} 和 H_2S 的反应存在非常复杂的机理[206]，高酸度下 Zn^{2+} 无法通过 H_2S 硫化法加以沉降[207]。

表 5-1 硫化前后含砷硫酸中的（类）金属离子浓度 （mg/L）

样品名称	Na	Ca	Cu	Pb	Zn	As
现场酸样 （硫酸浓度 50 g/L）	101.07	22.25	2.43	3.05	39.87	2490.86
硫化前酸样* （硫酸浓度 55%）	46.66	10.27	1.12	1.41	18.41	1149.98
硫化后酸样 （硫酸浓度 55%）	220.88	22.98	0.022	0.24	41.08	0.96

* 硫化前酸样中各种离子浓度依据现场酸样离子浓度计算而得，每100 g 现场酸样中加入116.6 g 98%浓硫酸配制酸浓度为55%的硫化前酸样，98%分析纯硫酸中的各种金属离子浓度均假定为 0 mg/L。

从上述结果可知，即使对于硫酸浓度高达 55%的体系，H_2S 硫化依然是高效除砷的手段，在本实验中 H_2S 常压硫化的情况下，砷离子浓度被降至 0.96 mg/L，按照 55%硫酸 1.445 g/mL 的密度计算，样品中 As 的浓度为 0.664×10^{-6}，远低于文献 [204] 提出的理论公式所预测的最低砷浓度，其原因可能在于体系中 As 和 S 间不仅发生了沉淀反应，同时发生了氧化还原反应，导致 As(Ⅱ) 的生成，这很可能突破了 H_2S 单纯沉淀 As(Ⅲ) 而固有的反应极限。同时应该看到，H_2S 硫化无法消除体系中 Na^+、Ca^{2+} 等碱（土）金属离子和 Zn^{2+}，为了使 55%的硫酸能够在制酸工艺后系统作为配酸加以回用，必须严格控制体系中 Na、Ca、Zn 等离子浓度，所以炼铜烟气须进行以陶瓷管为介质的高温（300~400 ℃）深度除尘，以防止烟气洗涤过程中粉尘进入 55%的硫酸导致其中 Na、Ca、Zn 等离子浓度过高。

对硫化过程产生的黄色沉淀进行 SEM 分析所得的照片如图 5-6（a）所示，可知该沉淀物为粒径 50 nm 左右的微细颗粒，形状为类球状，其粒径微细，离心和过滤分离均具有一定难度。为了分析该固体颗粒的成分，对其进行了 EDX 能谱扫描，扫描区域照片如图 5-6（b）所示，而针对 As、S、O 三个元素的扫描照片分别如图 5-6（c）~（e）所示。

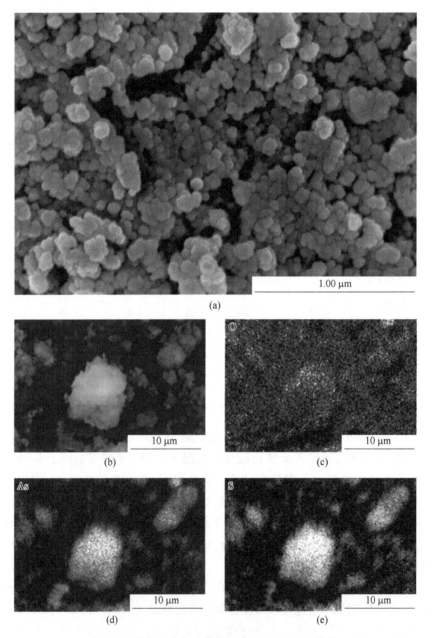

图 5-6　硫化反应产生黄色沉淀的 SEM-EDX 结果

（a），（b）扫描电镜图；（c）O 元素分布；（d）As 元素分布；（e）S 元素分布

由上述结果可知，As 和 S 元素完全均匀分布于所有颗粒各个部分，而 O 元素分布则非常稀疏，因此可以断定样品中 As_2O_3 的含量很低，能谱扫描所得的 As、S 元素质量比为 1.85∶1，略高于纯 As_2S_3 的理论元素质量比 1.56∶1，这有两个可能：

（1）黄色沉淀中含有少量 As_4S_4；

（2）样品中含有少量 As_2O_3。

由于样品被贴在导电胶上进行测试，导电胶中的氧元素对能谱分析结果有巨大干扰，同时 EDX 分析得到的元素比例随机性很大，因此尚不能定论样品中 As 和 S 元素的化学结合方式和存在状态，只能断定样品为以 As 和 S 为主要成分的某种化合物。

采用 TEM 分析了硫化产生的黄色沉淀的形貌（如图 5-7 所示），与 SEM 分析结果类似，沉淀为类球形颗粒无规则黏结堆积而成的网状结构，粒度仅 20~50 nm，颗粒经高倍数放大后未观察到任何晶格条纹，视野下颗粒均为无定型的晶体结构，由于 TEM 分析的颗粒数量有限，因此有必要对样品进行 XRD 分析进一步研究其结晶形态。

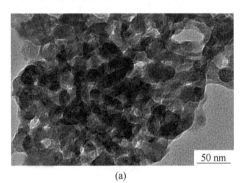
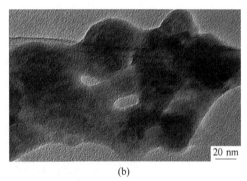

（a）　　　　　　　　　　　　　　　（b）

图 5-7　硫化反应产生黄色沉淀的 TEM 分析结果

（a）颗粒堆积形貌图；（b）颗粒高分辨图

采用 XRD 分析硫化后产生黄色沉淀的结果如图 5-8 所示，证实样品晶型为无定型，没有任何显著的衍射峰存在，仅在 15°~20°、25°~35°、50°~60°存在峰包，这分别和 As_2S_3（Orpiment）、As_4S_4（Realgar）、S 单质（Brimstone）的特征峰较接近，可以粗略推断样品很可能含有无定型的 As_2S_3、As_4S_4 甚至单质 S。但样品中 As 和 S 的化合方式、价态仍需进一步研究。

硫化实验产生的黄色沉淀经 XPS 分析后的 As $3d_{5/2}$ 谱图如图 5-9（a）所示，样品 As $3d_{5/2}$ 的峰位在 43.2 eV，根据文献[208]报道 As_2S_3 中 As 元素的结合能位于 43.5 eV、As_4S_4 中 As 元素的结合能在 43.1 eV，因此可以推断样品中同时存在以 As_2S_3 和 As_4S_4 两种形态与 S 相结合的 As 元素。同时可以看到：样品 As $3d_{5/2}$

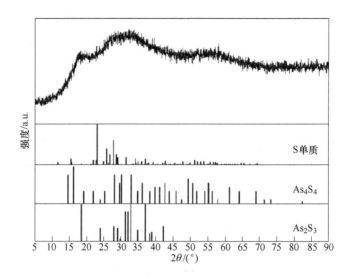

图 5-8　硫化反应产生黄色沉淀的 XRD 图

的结合能谱图在 44.5 eV 位置处略有隆起，这很可能是样品存在少量与氧结合的
As(Ⅲ)，这说明黄色沉淀中存在少量无定型 As_2O_3[208]，这很可能来自硫化前酸
样中溶解的亚砷酸，这部分亚砷酸在加入浓硫酸调节酸度为 55% 的过程中发生了
缩合沉淀，以无定型白砷的形态存在于体系中，经 H_2S 硫化后与新生成的无定型
As_2S_3 和 As_4S_4 一起形成了黄色沉淀。As $3d_{5/2}$ 的 XPS 分析结果说明样品中确实存
在 As_4S_4 物种，说明体系中发生了 As(Ⅲ) 到 As(Ⅱ) 的还原反应。

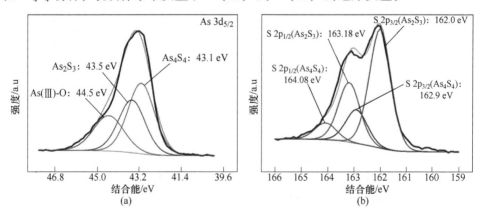

图 5-9　硫化反应产生黄色沉淀的 XPS 谱图

(a) As $3d_{5/2}$；(b) S $2p_{1/2-3/2}$

硫化实验产生的黄色沉淀经 XPS 分析后的 S $2p_{1/2-3/2}$ 谱图如图 5-9 (b) 所示，
其谱图中 S 的结合方式可以归属为 As_2S_3 和 As_4S_4 两种方式[209,210]，两种方式中

S $2p_{1/2}$ 和 S $2p_{3/2}$ 的结合能间距均为 1.18 eV、S $2p_{1/2}$ 和 S $2p_{3/2}$ 的峰面积为 1:2。从分析结果可知，存在以 As_4S_4 方式结合的 S 元素，再次证明很可能有部分 As(Ⅲ) 发生了还原而产生 As(Ⅱ)。

5.2 铜冶炼高砷烟尘资源化利用研究

本节研究利用铜冶炼烟气绝热蒸发冷却除砷后污酸浸出铜冶炼高砷烟尘，高砷烟尘来源于熔炼炉烟气电收尘，俗称白烟尘。

5.2.1 操作参数对高砷烟尘中重金属浸出效率的影响

金属浸出行为是铜冶炼烟尘资源化利用和安全处置的重要基础[211]。固液比、硫酸浓度是白烟尘中金属酸性浸出的重要影响因素，如烟尘中 $Pb_2As_2O_7$ 与 $(Fe,Zn)_3(AsO_4)_2 \cdot 8H_2O$ 的浸出主要受液固比、pH 值影响[212]。因此，探究固液比、初始硫酸浓度、酸类型对白烟尘中铜、锌与砷浸出性能的影响，结果如图 5-10 所示。

由图 5-10 可以发现，以硫酸为浸出剂时，当初始硫酸酸度为 40 g/L，液固比为 5:1 时，铜冶炼烟尘中铜、锌和砷的浸出率分别为 83.38%、87.55% 和 65.00%，当液固比增加至 6:1 时，铜冶炼烟尘中铜的浸出率降低至 79.59%，锌和砷的浸出率分别增加至 94.67% 和 82.26%，烟尘减量由 33.53% 增至 47.24%；同时，当浸出剂为污酸，液固比从 7:1 增至 10:1 时，烟尘中砷的浸出特性总体一致，而烟尘中锌的浸出率从 91.04% 略降至 88.71%，这可能是由于铜冶炼烟尘主要含金属硫酸盐、砷酸盐、氧化物，过程中可能发生的反应如式 (5-1)~式(5-4) 所示。其中砷主要以氧化砷、砷酸盐（砷酸锌、砷酸铅）与硫化砷存在，且砷含量随矿物 pH 与铜含量增加而降低[213]；铜主要以硫酸盐、氧化物存在，伴随少量硫化物；锌主要以硫酸盐和硫化物存在。液固比增至 7:1 后，烟尘中可溶锌含量有限。此外，由图可以发现，相同液固比下，提高浸出液酸度有利于冶炼烟尘中各金属元素的浸出率，其中液固比为 1:5 时，初始硫酸浓度从 40 g/L 增至 50 g/L 时，Zn 的浸出率从 87.55% 增至 94.18%，砷的浸出率从 65.00% 增至 98.90%，该结果与 Liu 等和王玉芳等[130]研究结果一致，砷的原因较高可能是由于烟尘中矿物的砷赋存形态存在差异[12]。此外，王玉芳等[130]升高温度和延长反应时间均会降低矿物中砷、镉的浸出性能，且对镉的影响更大。

$$As_2O_3 + H_2O \Longrightarrow 2HAsO_2 \tag{5-1}$$

$$As_2O_5 + 3H_2O \Longrightarrow 2H_3AsO_4 \tag{5-2}$$

$$CuO + H_2SO_4 \Longrightarrow CuSO_4 + H_2O \tag{5-3}$$

$$ZnO + H_2SO_4 \Longrightarrow ZnSO_4 + H_2O \tag{5-4}$$

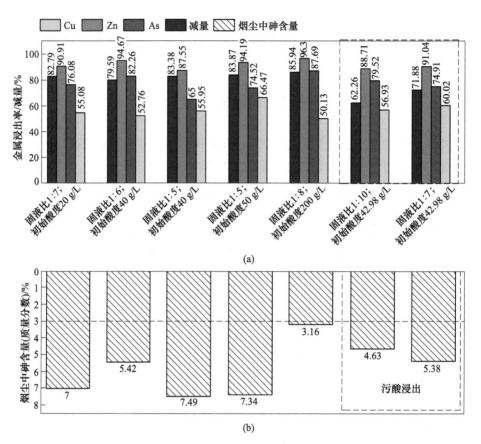

图 5-10 　不同情况对烟尘中铜、锌、砷的一次浸出率及烟尘减量的影响
（a）Cu、Zn、As 的一次浸出率及烟尘减量；（b）对应条件下烟尘中砷的含量

从酸度极大限浸出试验可以看出，在酸度 200 g/L 一次浸出下，铜、砷、锌的浸出率可达85%以上，且渣中砷含量降至 3.16%，说明高酸有利于有价金属浸出，但高酸浸出不利于后续锌、铟、镉的中和沉淀分离，部分未溶的金属可能是由于烟尘中部分砷、铜以难浸出的砷酸盐、硫化物存在[111]。此外，高液固比下浸出液含量增加，液相中金属离子浓度降低，会增加后续 SO$_2$ 还原含砷液制取白砷、蒸发结晶制取硫酸锌成本，因此需要控制一段浸出开路液中酸浓度，同时保证浸出率。

由于一段氧化浸出后渣中砷含量仍达 3.16%~7.49%，且渣中铜、锌含量高，因此，有必要开展二次氧化浸出。针对一段酸浸渣，控制硫酸质量浓度、液固比、反应温度，充氧条件下搅拌浸出 2 h，结果如图 5-11 所示。当液固比为 6:1，初始浸出酸度从 20 g/L 增至 60 g/L 时，铜的浸出率从 60.83% 增至 89.54%，锌的浸出率从 71.31% 增至 87.65%，而砷的浸出率从 73.94% 降至

54.9%，该结果与林鸿汉等[111]研究结果一致，这可能是由于浸出的锌与砷形成沉淀。为了维持铜、锌、砷的高效浸出，二段浸出酸度维持在 40 g/L。

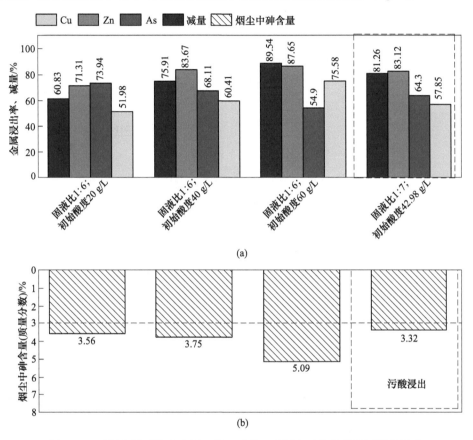

图 5-11 不同条件对烟尘中铜、锌、砷的二次浸出性能及烟尘减量的影响

（a）Cu、Zn、As 的一次浸出率及烟尘减量；（b）对应条件下烟尘中砷的含量

由于二浸渣为工艺流程图中的开路渣，其砷含量须在 3% 以下，由图可以看出，通过控制酸性浸出条件，两段酸浸可以使渣含砷低至 4% 左右，同时，同等条件下，若一段浸出效果不理想，将直接影响二段渣含砷量，为了确保较佳的浸出性能，浸出过程须采用两段联合控制。

高酸浸出对设备耐腐蚀性要求较高，且浸出后液相中残留 H⁺ 中和消耗药剂大，因此为了确保金属浸出率和设备安全，开展低酸三段逆流浸出，基本流程图如图 5-12 所示。由于二段浸出中沉铜段、还原段技术参数已基本稳定，因此基于两段浸出工艺，采用三段逆流浸出流程探究多段低酸工艺对铜、锌、砷离子浸出率的影响，浸出温度稳定为 80 ℃，J1 段为水浸，J2 段为 20 g/L H₂SO₄ 酸浸，J3 段为 20 g/L H₂SO₄ 酸浸，浸出时间为 3 h，四组实验各阶段初始固液比均相同，分别为 1∶4、1∶5、1∶6，其实验结果如表 5-2 所示。

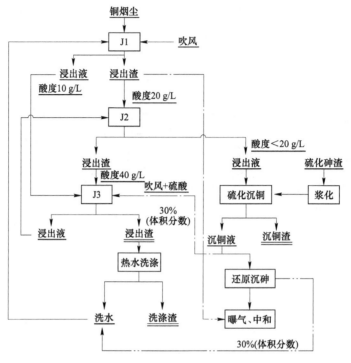

图 5-12   三段逆流浸出湿法流程图

表 5-2   三段逆流低酸烟尘浸出汇总

J1	J2		J3		渣率 /%	渣含砷（质量分数）/%	浸出率/%		
终点固液比	酸度/g·L⁻¹	终点固液比	酸度/g·L⁻¹	终点固液比			Cu	Zn	As
1∶2.8	22.61	1∶4.5	17.47	1∶5.8	56.07	5.86	18.81	87.84	74.86
1∶2.4	20.55	1∶4.2	21.58	1∶8	55.32	5.96	21.49	90.23	74.78
1∶4.36	43.27	1∶5	32.89	1∶8	59.75	8.22	35.32	86.97	62.42
1∶4.6	22.4	1∶4.5	30.83	1∶9	51.09	5.18	99.96	96.50	78.29

三段逆流浸出中主要控制 J3 段酸度，把关开路渣中砷含量，但从实际试验情况看，仅 1 组试验铜、锌浸出率到达预期，但其砷的浸出率仅为 78.29%，开路渣中含砷仍未达到预期。因此，要使烟尘中砷达到高效浸出，须保持较高酸度，这可能是由于烟尘中赋存的含砷矿物外包裹有不易被低酸浸出的矿物组分。

结合上述实验结果，进行两段逆流浸出实验，实验条件及结果如表 5-3 所示。由表 5-3 可知，两段逆流浸出实验结果与两次独立浸出结果一致，高酸与高液固比可以将开路渣含砷降至 3% 左右，铜浸出率达 86%~99.21%，锌浸出率达 70.65%~94.09%，砷浸出率达 82.29%~84.16%，两段浸出综合渣率在 58.14%~60.72%，最佳浸出条件（一段酸度 25 g/L，液固比 6∶1；二段酸度 44 g/L，液固比 7∶1）下，铜、锌、砷浸出率分别达 99.21%、70.65% 和 83.48%，综合渣率 59.03%，渣中砷含量（质量分数）2.91%。

表 5-3　两段逆流浸出试验结果汇总表

一段条件		二段条件		综合浸出率/%			综合渣率/%	渣含砷（质量分数）/%
酸度	液固比	酸度	液固比	Cu	Zn	As		
44	6∶1	44	7∶1	99.17	75.59	83.12	58.14	3.02
25	6∶1	44	7∶1	99.21	70.65	83.48	59.03	2.91
30	6∶1	40	7∶1	86	93.21	84.16	60.72	3.18
45	6∶1	40	7∶1	88.08	94.09	82.29	59.81	3.61

不同条件烟尘金属浸出产物，两段逆流氧化浸出后，其具体成分含量如表 5-4 所示。二段开路渣主要成分含铅、铋、锡、铁，其中铅含量在 40.56%~51.41%，铋含量在 8.16%~9.14%，锡含量在 5.78%~6.41%，铁含量在 2.66%~7.39%；此外，开路渣中含铜 0.344%~0.751%，锌 0.31%~0.758%。对比可以发现，过高硫酸浓度下，铅的浸出率仍有限，这是由于浸出的 Pb^{2+} 与 SO_4^{2-} 形成沉淀，降低浸出率高酸度有利于铅的富集，该结果与刘海浪等[212]研究结果一致。铅渣经火法熔炼生产电铅，或送至铅冶炼企业进行处理。

表 5-4　二段开路渣主要成分　　　　　　　（质量分数,%）

序号	Pb	Bi	Sn	As	Fe	Cu	Zn	Cd	In
1 号	51.41	9.14	6.41	3.02	2.66	0.344	0.31	0.0352	0.0290
2 号	40.82	8.16	5.81	2.91	3.15	0.418	0.503	0.0594	0.0310
3 号	40.56	8.32	5.78	3.18	4.98	0.469	0.758	0.0783	0.0503
4 号	42.63	8.86	6.41	3.61	7.39	0.751	0.67	0.0632	0.0286

为了揭示浸出过程机理，测定了最佳条件下浸出前后烟尘的物相及形貌，结果如图 5-13 所示。由图 5-13 可以发现，烟尘主要由 $PbSO_4$、As_2O_3、$PbAs_2O_6$、$CuSO_4$、Bi_2O_3 组成，一次浸出后，烟尘中 $CuSO_4$、As_2O_3 和 Bi_2O_3 物相消失，且样品颗粒逐渐变小，二次浸出后，烟尘主要物相未发生明显变化，而颗粒形貌逐渐变大。王玉芳等[130]与代群威等[214]研究发现铜冶炼烟尘中 As、Bi、Sn、Fe 主要以残余态存在，Cd、Cu、Zn 主要以可交换态存在，具有较高的迁移态，Pb 主要以硫化物以硫化物结合态和残余态存在，此外，碱性条件有利于铜冶炼烟尘堆存，酸性环境利于金属的浸出。此外，张耀阳等[110]发现缩短反应时间或添加亚

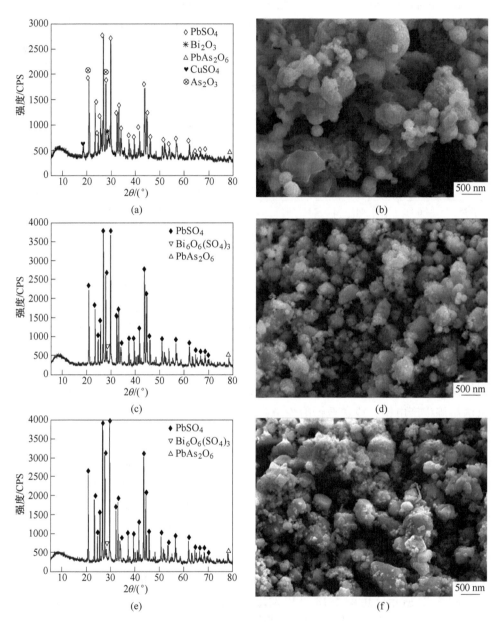

图 5-13 不同阶段烟尘 XRD、SEM 图

（a），（b）原烟尘；（c），（d）一次浸出后烟尘；（e），（f）二次浸出后烟尘

硫酸钠可抑制砷酸铋的形成，促进砷的深度浸出，最佳条件下铜浸出率达 99%，砷浸出率达 80%，实现浸出渣中铅、银、铋等有价金属的富集，图 5-14 为浸出前后样品的粒度分布，该结果与表面形貌总体一致。

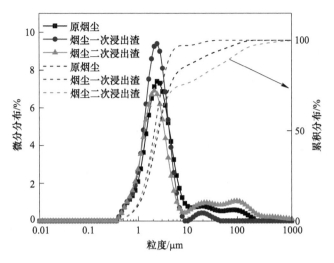

图 5-14　浸出前后烟尘粒径分布

5.2.2　硫化砷渣沉铜性能及机制

浸出液相中铜的回收根据不同厂家需求，有不同回收的方法，因此浸出液回收工艺各不相同。Gao 等[132]以污酸浸出铜冶炼烟尘，结合铁粉还原、碳酸钠中和、氯化浸出等步骤，实现烟尘中铜、锌、镉、铋、铅的高效分离与资源化。

基于 CuS、ZnS、As_2S_3 的溶度积常数 K_{sp} 的显著差异，通过以废治废原理，以砷滤饼为沉铜剂（主要成分为 As_2S_3，按照含水 53.22%，干重含砷 52.09%），浸出液中的 Cu^{2+} 与砷滤饼中的 S^{2-} 形成更难溶的 CuS，砷以亚砷酸进入溶液，沉铜后通入 SO_2，液相中砷将其以白砷（As_2O_3）形式还原结晶。相关反应如下[215]：

$$As_2S_3 + 3CuSO_4 + 4H_2O \Longrightarrow 2HAsO_2 + 3CuS\downarrow + 3H_2SO_4 \tag{5-5}$$

$$As_2S_3 + 3H_3AsO_4 \Longrightarrow 5HAsO_2 + 3S\downarrow + 2H_2O \tag{5-6}$$

$$2HAsO_2 \Longrightarrow As_2O_3\downarrow + H_2O \tag{5-7}$$

控制沉铜温度 80 ℃、时间 2 h，探究了不同砷铜摩尔比对浸出液中铜分离及沉淀渣中铜、砷含量的影响，结果如图 5-15 所示。由图 5-15 可知，随着砷铜摩尔比从 0.83 增至 1.36，沉铜率从 70% 增至 99.2%；随后，进一步增加砷铜摩尔比，沉铜率先相对稳定后呈下降趋势，其原因可能为反应形成过量单质硫，从而影响 As_2S_3 与 Cu^{2+} 的有效接触。此外，过量未反应的 As_2S_3 会使沉淀中砷含量增加。当砷铜摩尔比为 1.2 时，沉铜渣含铜最高，含砷量最低，沉铜率为 87.26%，沉铜率最高的砷铜比为 1.36，结合现场试验情况，综合考虑沉铜渣中砷含量情况，砷铜比取 1.2，得出沉铜过程硫化砷添加量与浸出液中铜含量的关系式为

$$X = X_1 \times 1.2 / \alpha / (1 - \beta) \tag{5-8}$$

式中　X——硫化砷加入量，g；

　　　X_1——浸出液中铜含量；

　　　α——硫化砷渣中砷含量，%；

　　　β——硫化砷渣中水含量，%。

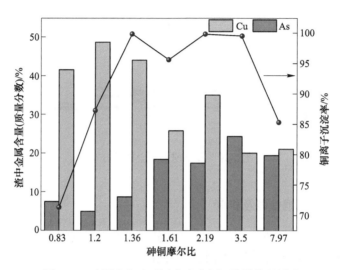

图 5-15　砷铜摩尔比对浸出液中铜沉淀性能的影响

　　最佳硫化砷添加量下所得沉铜渣的形貌、物相如图 5-16 所示，由图 5-16（b）可以发现，所得沉淀渣主要含 CuS，同时，含有少量 S，这可能是由于 As_2S_3 被 H_3AsO_4 氧化成 S。图 5-16（c）、（d）为所得沉淀渣的形貌，可以发现，所得硫化铜沉淀主要为片状并团聚成球状，EDS 表明，所得沉铜渣除了含有铜、硫，还含有 Pb、Zn、As，并含有少量 Sn、In、Ag，这可能是由硫化砷污泥引入。

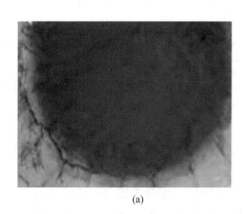

(a)

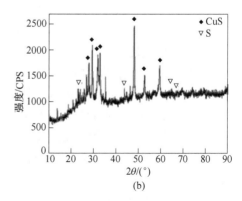

(b)

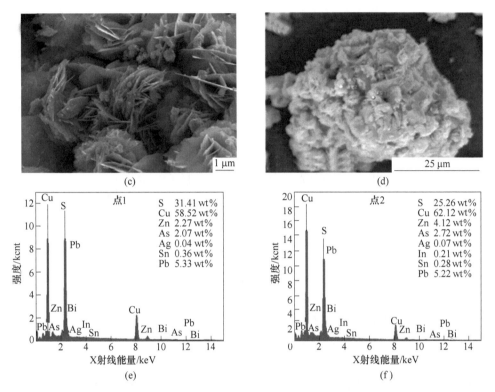

图 5-16 最佳条件下硫化铜沉淀渣的物相、形貌与能谱图

(a) 实物照片；(b) XRD；(c)~(f) SEM-EDS

5.2.3 沉铜副液 SO_2 还原脱砷性能及机制

浸出液经过沉铜蒸发浓缩后，含砷 45~60 g/L，主要以五价砷存在于沉铜液中，可采用二氧化硫还原反应 2 h 还原脱砷，得到三氧化二砷产品，主要反应如下所示[216-218]。对还原后液进行硫化脱砷，通入硫化氢气体，将溶液中砷经硫化脱除至 1 g/L 以下，分离出硫化砷渣和硫化后液，硫化砷渣可以返回沉铜段用作硫化剂，实现循环回收利用。

$$HAsO_3 + H_2O + SO_2 \Longrightarrow HAsO_2 + H_2SO_4 \quad (5-9)$$

$$2HAsO_2 \Longrightarrow As_2O_3 + H_2O \quad (5-10)$$

图 5-17 为 SO_2 对不同初始砷浓度液相中砷还原性能的影响，随着液相中初始砷浓度从 36.8 g/L 增至 48.7 g/L，液相中砷去除率从 66.57% 增至 81.21%，随着初始砷浓度继续增加至 55.0 g/L 时，液相中砷去除率降至 80.27%，这可能是由于通入 SO_2 可将五价砷还原为 As_2O_3 结晶析出，但实验发现 SO_2 只能将砷还原至 10~15 g/L，还原后的结晶成分如表 5-5 所示，晶形结构、粒度分布、形貌如图 5-18 所示。根据化验结果还原 2 h 砷含量 75.10%，转化为 As_2O_3 纯度为

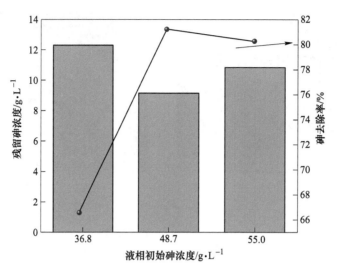

图 5-17　液相砷浓度对 SO_2 还原收砷性能的影响

99.55%，还原 4 h 砷含量为 72.52%，转化为 As_2O_3 纯度为 96.13%，说明延长还原时间并不能深度还原砷，当溶液中砷含量还原至 10~15 g/L 后，SO_2 会将溶液中部分杂质还原出来，影响 As_2O_3 纯度。该结果对于 Zhang 等[119,120] 基于还原-结晶原理，在浸出液中添加 H_2SO_4 调节酸度，采用 SO_2 烟气将液相中 As（V）还原，同时降低浸出液温度，将砷以 As_2O_3 回收砷的回收率（96.53%）。因此，还原脱砷后必须进行深度硫化脱砷，使溶液中 10~15 g/L 砷以硫化砷形式脱除。

表 5-5　白砷成分化验表　　　　　　　　（质量分数，%）

序号	As	Sb	Zn	Sn	Fe	Cu	Pb	In	Ag	S
1 号（2 h）	75.10	0.026	0.013	0.002	0.011	<0.001	<0.001	<0.001	<0.001	0.018
2 号（4 h）	72.52	0.032	0.005	0.002	0.013	0.011	0.042	<0.001	<0.001	0.056

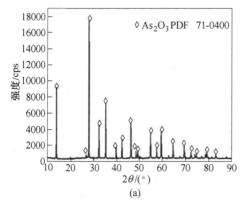

(a)

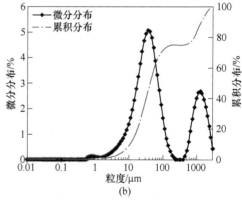

(b)

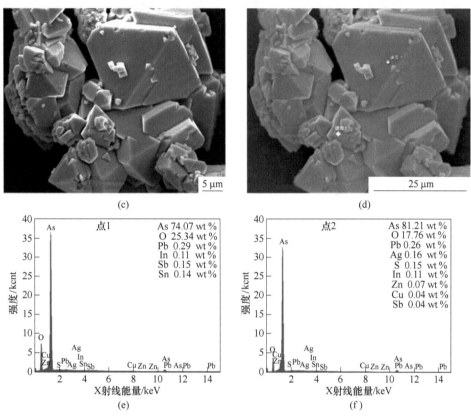

图 5-18　最佳白砷样品

(a) 形态；(b) XRD；(c)，(d) SEM；(e)，(f) EDS

由于硫化氢具有剧毒，在保证试验密封效果的前提下，以 Na_2S 与 H_2SO_4 发生 H_2S 进行深度脱砷。从试验结果可以看出，硫化氢可以进行深度脱砷，砷的脱除率>92%，整个过程基本不会对锌产生影响（见表 5-6）。

表 5-6　不同硫化钠添加下残留金属浓度与脱砷率、锌损率

硫化钠消耗量/g	$Zn/g \cdot L^{-1}$	$As/g \cdot L^{-1}$	脱砷率/%	损锌率/%
11.3	17.81	0.8	92.63	−1.31
14	15.65	0.65	94.01	10.98

5.2.4　铜冶炼高砷烟尘污酸浸出过程有价金属流向

根据前期试验数据，统计分析高砷烟尘处理流程走向，绘制湿法处理高砷烟尘过程各有价金属流程内走向图如图 5-19 所示。从图 5-19 可以看出，烟尘单次浸出铜、锌、砷的浸出率都偏低，须通过两段逆流浸出富集有价金属。目前通过

对前期试验数据分析工艺流程中两段逆流浸出、硫化砷沉铜、二氧化硫还原脱砷、硫化氢深度脱砷有价金属元素流向都基本明确,但由于氧化逆流浸出环节酸度高原因,对于脱砷后浸出液中含有锌、镉、铟的回收方法及工艺参数仍待深入试验探索。

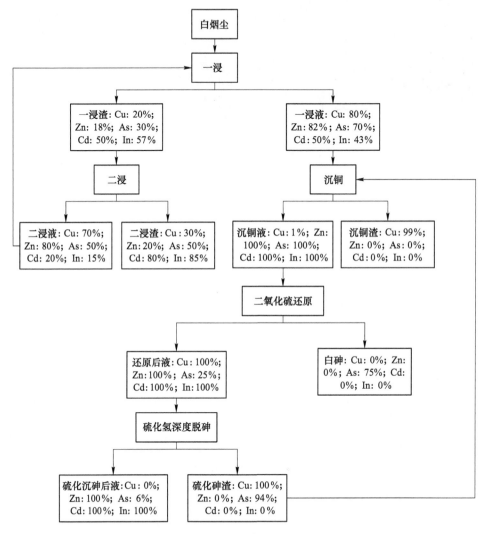

图 5-19 高砷烟尘污酸浸出过程有价金属流向图

5.3 本 章 小 结

本章以铜冶炼含砷烟气为对象,采用蒸发冷却酸洗除砷工艺,考察了温度、硫酸浓度、初始砷浓度等因素对砷的净化性能。系统研究了硫酸浓度、浸出温度、固液比等因素对高砷烟尘中铜、锌与砷硫酸化浸出特性，探究了 SO_2 还原沉砷-硫化砷渣原位供硫铜砷分离性能，并建立烟尘中砷与有价金属物料平衡，主要结论如下：

（1）吸收温度和初始硫酸浓度对烟气蒸发冷却收砷效果显著，随着硫酸浓度从 0 增至 60%，烟气中砷去除率从 91.3% 降至 84.2%，当硫酸浓度增至 70% 时，烟气中砷去除率增至 86.3%；

（2）可采用污酸部分代替硫酸浸出白烟尘中有价金属，提高液固比、浸出液酸度有利于金属离子浸出，铜浸出率达 60.83%，锌浸出率达 71.31%，但一段浸出后白烟尘砷含量仍大于 3%；

（3）两段联合浸出有利于铜冶炼烟尘中铜、锌、砷的浸出和分离，最佳浸出条件（一段酸度 25 g/L，液固比 6 : 1，二段酸度 44 g/L，液固比 7 : 1）下，白烟尘中铜、锌、砷浸出率分别达 99.21%、70.65% 和 83.48%，渣减量 40.97%，渣中砷含量（质量分数）2.91%；

（4）以硫化砷渣为沉铜剂时，当砷铜摩尔比为 1.2 时，沉铜渣含铜最高，含砷量最低，沉铜率为 87.26%，当砷铜摩尔比为 1.36 时，沉铜率最高达 99.86%；沉铜后液可通过硫化法深度除砷形成沉铜剂。

6 应用案例分析

设备的研发及示范工程应用为新技术的推广和产业化应用提供了必要的实验平台和技术支撑。第4章确定了铜渣尾矿用于低浓度 SO_2 去除、脱硫浆液资源化分离含砷废水中砷的控制条件。此外，本课题组实验室及扩试实验结果表明脱硫后铜渣尾矿仍为一般固废属性，且脱硫后浆液主要含 Fe^{2+}、Cu^{2+}、Zn^{2+}，值得注意的是，实验室等中试研究发现现场小试及中试侧线实验脱硫液相比实验室脱硫中 Cu^{2+} 含量较高，而高浓度 Cu^{2+} 在一定程度上，会抑制亚硫酸盐的氧化；此外，烟尘中大量 Cu^{2+} 进入浆液将会增加水处理负荷。因此，工程应用设计应强化烟气除尘环节。第5章分析了高砷烟气绝热蒸发浓缩收砷和含砷污酸浸出含砷烟尘中有价金属的主要影响因素，明确了硫化砷渣沉铜、高浓度 SO_2 还原沉砷的策略，降低了原工艺中含砷烟尘的产生量；以上研究为铜冶炼硫砷协同转化技术路线的确定、关键设备的研发及工程应用奠定了扎实的基础。

目前，尚无高砷烟气绝热蒸发浓缩及硫砷转化利用、铜渣尾矿矿浆法烟气脱硫工程应用研究报道。因此，研发铜冶炼烟气硫砷协同转化关键技术与设备并开展示范工程研究对于提高铜冶炼行业资源利用及减污提效具有重要的现实意义。首先，基于上述研究成果，确定铜冶炼硫砷协同转化技术路线，研制铜冶炼硫砷协同转化过程冷却塔、喷淋装置、硫化槽、还原收砷核心设备，并在10万吨/年铜冶炼精炼炉烟气进行示范应用试验。综合评价铜冶炼烟气硫砷协同转化性能，为铜冶炼烟气治理提供新技术支持，同时为铜渣尾矿、硫化砷资源化提供新的解决方案。

6.1 低浓度 SO_2 烟气矿浆法脱硫技术示范应用

6.1.1 工艺流程设计

针对铜冶炼过程产生的低浓度 SO_2，结合铜渣尾矿矿浆法烟气脱硫性能及铜渣尾矿物化参数，为防止矿渣由于密度大沉积于塔内，促进高效接触和除雾，研发矿浆法脱硫装置，包括：

（1）鼓风氧化配件：采用侧面搅拌机、空气鼓风底吹氧化，不仅有效提升矿浆与烟气中二氧化硫的接触，提供氧气，促进氧化，提高吸收效率，同时防止矿渣沉降。

（2）强化逆喷吸收装置：矿浆经强化大口径开孔无堵塞的喷头喷出与烟气逆流接触迅速冷却烟气，吸收区域形成泡沫区，泡沫区高效包裹烟气中杂质，使液滴不断冷却和更新，促进液膜传质，使烟气、矿浆充分接触反应和分离，强化吸收二氧化硫，如图 6-1 所示。

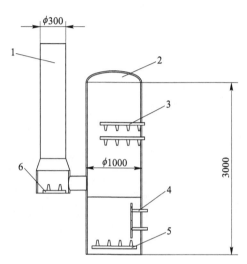

图 6-1 强化逆喷吸收装置（单位：mm）

1—逆喷烟道；2—喷淋塔；3—喷淋器；4—侧面搅拌器；5—鼓风氧化配件；6—逆喷器

本书对现有烟气先经过余热锅炉回收烟气中热量，再经过布袋收尘器收尘，除尘效率 99%，收下的烟尘外售，收尘后烟气 $2 \times 10^4 \sim 3 \times 10^4$ m^3/h。利用铜冶炼过程中浮选提铜后最终产生的渣尾矿作为脱硫剂，对精炼炉烟气进行烟气脱硫除砷应用示范。建立了 30000 m^3/h 铜渣尾矿矿浆脱硫示范装置，示范装置现场如图 6-2 所示，示范工程示意如图 6-3 所示，具体烟气脱硫工艺描述如下：

将铜渣尾矿加入配浆槽中，在此用工艺水配制成 15%~20% 的尾渣浆，再用浆液输送泵送往动力波吸收塔、一级喷淋吸收塔和二级喷淋吸收塔，经循环泵送往塔顶作喷淋用。精炼炉烟气经引风机引入并垂直进入逆流动力波塔顶部，与大口径开孔无堵塞的逆流喷头喷出的矿浆逆向接触。矿浆从喷头出来后与气体高传质接触形成高湍流的驻波泡沫区。泡沫区使液滴不断冷却和更新，迅速冷却烟气并吸收 SO$_2$[219]。接触后的矿浆进入塔底，吸收后的烟气通过一级脱硫塔喷淋而下的脱硫液接触，继续吸收，进一步去除二氧化硫。然后烟气进入一级脱硫装置与二级脱硫塔底部脱硫循环泵送往塔顶喷头的循环浆液反应，最终气体经双层折流板除雾器，除去夹带的液滴，吸收达标后进入烟囱进行高空达标排放。一级脱硫塔内的浆液利用两排空管联通，使二级脱硫塔的浆液流向一脱硫塔。一级、二级两个脱硫塔底贮槽中设有氧化鼓风机送入的空气进行强制氧化，两个脱硫塔底

图 6-2　30000 m^3/h(标态)精炼炉示范工程现场设备图

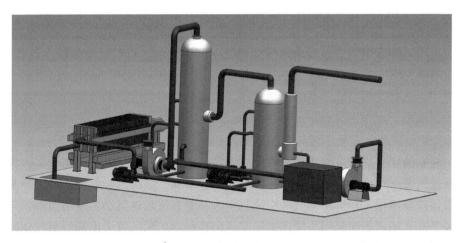

图 6-3　30000 m^3/h(标态)精炼炉烟气净化示范工程示意图

贮槽中各设有搅拌机，防止矿渣沉降。脱硫塔底部循环浆液由抽出泵抽出送往板框压滤机分离，脱硫清液进入溶液收集槽，滤饼用中水清洗，吹干后的滤饼综合利用或原渠道处置。环集烟气脱硫项目集中处理熔炼、吹炼和阳极精炼工序收集产生的低污染混合烟气，烟气量（标态）30000 m^3/h，环集烟气的 SO_2 平均浓度是1500 mg/m^3，瞬时最高值 5148 mg/m^3，烟气主要参数如表 6-1 所示。

表 6-1 铜冶炼低浓度含硫烟气主要参数表

项 目	参 数	备 注
处理烟气量(标态)/m^3·h^{-1}	30000	设计最大处理量
入口 SO$_2$ 浓度/mg·m^{-3}	1500	最大 SO$_2$ 浓度 5148
入口烟气温度/℃	70	最大 95(瞬时)
入口含尘量/mg·m^{-3}	165	
酸雾含量/mg·m^{-3}	≤40	
入口 As 浓度/mg·m^{-3}	4.0	

本工艺采用动力波吸收塔与两级喷淋脱硫塔，处理烟气量 30000 m^3/h。铜矿脱硫装置所用设备如表 6-2 所示。

表 6-2 烟气脱硫主要设备一览表

序号	设备名称	规格参数	数量	材质
一	标准设备			
1	逆喷循环泵	$Q=300$ m^3/h, $H=20$ m, 功率：55 kW	1 台	UHMWPE
2	一级喷淋循环泵	$Q=300$ m^3/h, $H=22$ m, 功率：55 kW	1 台	UHMWPE
3	二级喷淋循环泵	$Q=300$ m^3/h, $H=22$ m, 功率：55 kW	1 台	UHMWPE
4	浆液泵	$Q=10$ m^3/h, $H=35$ m, 功率：5.5 kW	1 台	UHMWPE
5	氧化风机	罗茨式，$Q=10$ m^3/min(标态)，$P=60$ kPa, 功率：11.0 kW	1 台	FRP
6	引风机	流量 30000 m^3/h, 压力 5500 Pa, 功率：75 kW	1 台	FRP
7	逆喷循环泵	$Q=300$ m^3/h, $H=20$ m, 功率：55 kW	1 台	UHMWPE
二	非标准设备			
1	一级吸收塔	$\phi3.5$ m×13.5 m	1 台	PPH
2	逆喷管(含喷头)	$\phi0.7$ m×7.2 m	1 台	2205
3	二级吸收塔	$\phi3.5$ m×16.5 m	1 台	PPH

6.1.2 示范工程及运行效果

示范工程装置于 2019 年 8 月正式建设完成并开始运行调试，2019 年 9 月 1 日正式运行。具体运行结果和讨论如下。

6.1.2.1 脱硫效果分析

示范工程装置安装在铜精炼炉烟气出口的旁路上，用引风机将精炼炉烟气引入矿浆脱硫系统，烟气经脱硫后精炼炉烟气 SO$_2$ 浓度随周期波动。铜渣尾矿烟气脱硫效果经示范工程运行表明，脱硫效果较好，出口烟气 SO_2 含量均低于 100 mg/m³，总体脱硫效率稳定大于 90%。性能符合预期，满足技术指标（见图 6-4）。

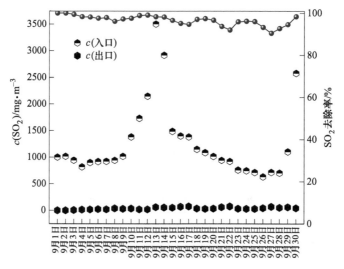

图 6-4　示范工程烟气 SO_2 浓度与脱硫效率

（固液比 1∶7，进入脱硫塔烟气温度约 70 ℃）

示范工程应用过程脱硫矿浆液、矿渣如图 6-5 所示，组分如表 6-3 所示，脱硫生成物大部分为可溶性的 $FeSO_4$，生成易结垢的 $CaSO_4$ 含量较低，消除了结垢因素，有效改善原脱硫系统的堵塞问题，且实现以废治废，具有较好的环境效益。

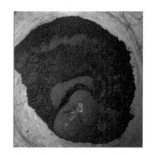

图 6-5　示范工程脱硫矿浆、浆液及脱硫渣照片

表 6-3　烟气脱硫实验工程脱硫液组分　　　　　　　　　　　（mg/L）

Fe^{2+}	Fe^{3+}	Cu^{2+}	Ca^{2+}	Zn^{2+}	As	Mn^{2+}	Ni^{2+}	Pb^{2+}	Hg^{2+}	Co^{2+}	Cd^{2+}	Si	H^+	SO_4^{2-}
2457.5	2730.8	1067	644	496	332	30.8	21.8	5.68	3.36	7.17	1.38	2.6	225	23936.9
2577.6	2052.3	804	479	330	189	22.0	16.3	3.34	2.00	4.90	0.88	4.3	168	16468.2

6.1.2.2 除砷效果分析

铜冶炼环集烟气中砷浓度在 0.438~5.412 mg/m³，从工程运行结果可以看出，铜渣尾矿浆对于低浓度（<4 mg/m³）含砷烟气具有较好去除效果，总去除效率稳定大于 77%，经两级净化后可实现烟气中砷达标排放（见表6-4）。

表6-4 示范工程除砷效果

序号	入口砷浓度 /mg·m⁻³	一级出口砷浓度 /mg·m⁻³	二级出口砷浓度 /mg·m⁻³	脱砷效率/%
1	0.757	—	0.171	77.41
2	4.073	—	0.359	91.19
3	5.412	—	0.374	93.09
4	0.438	0.0187	未检出	均100
5	1.680	0.013	未检出	均100

注：固液比1:7，进入脱硫塔烟气温度约70℃。

工程运行期间委托第三方开展铜渣尾矿矿浆法性能评价。第三方检测结果显示，经铜渣尾矿浆两级脱硫后，出口烟气 SO₂ 浓度未检出，砷等其他污染物排放指标满足《铜、镍、钴工业污染物排放标准》（GB 25467—2010）修改单排放标准。

铜渣尾矿矿浆法脱硫是面向铜冶炼行业原料较多、操作简便的新型高效湿法烟气脱硫工艺，其具有原有设备改造简单、运行成本较低、以废治废等优点。该法充分考虑项目所在地的原材料供应及产品销售情况，优化新建环境集烟污控工艺路线，避免了企业熔炼主厂房低浓度 SO₂ 低空无组织排放的问题，减轻了原钙法脱硫的副产物处置负荷。新建装置的脱硫效率能达到95%以上，且能有效脱除烟气中其他污染物，实现了烟气达标排放的目标。脱硫后铜渣尾矿仍为一般固废属性，杨必文等[220]针对该类型脱硫渣，采用磁选实验证实烟气脱硫酸性氛围有助于磁选回收铁的性能，根据矿物中硅、铁含量，可实现矿物中铁的回收，铁收率约达45%。

经改造后，烟气中 SO₂ 和其他污染物可以满足国家空气质量控制越加严格的长远要求，同时助力铜冶炼清洁生产目标实现，为铜冶炼企业的可持续性发展提供了坚实的基础。

6.2 铜冶炼烟气蒸发冷却酸洗脱砷应用研究

6.2.1 工艺流程设计

高温含砷烟气在密闭管道内与水滴接触后，水分绝热蒸发，蒸发过程可冷却

烟气，使烟气温度骤降至 90 ℃，氧化砷由气态转变为颗粒态，烟气经过 50%～
55%的硫酸洗涤净化除砷，再经过除雾器和深度净化除尘器后送入制酸系统。产
生的含砷渣通过化学法回收三氧化二砷和铅滤饼，硫酸洗涤液经过除氟除氯和除
重金属后再生循环利用，实现含砷烟气的高效回收。

　　根据前期实验室基础理论研究及工艺探索，搭建一套 5000 m^3/h 制酸烟气蒸发
冷却酸洗除砷设备，关键设备如图 6-6 所示，现场设备图如图 6-7 所示，设备中考
虑 HF、HCl 的腐蚀性，关键设备采用 PPH 材质，工艺流程示意如图 6-8 所示。

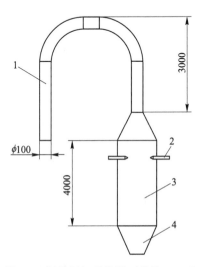

图 6-6　制酸烟气蒸发塔（单位：mm）
1—含砷烟气进口管；2—雾化器；
3—蒸发塔体；4—收砷器

图 6-7　蒸发冷却酸洗除砷示范工程现场设备

图 6-8　蒸发冷却酸洗除砷示范工程示意图

烟气绝热蒸发冷却酸洗除砷技术工艺涉及的主要工况参数如表 6-5 所示, 设备如表 6-6 所示。

表 6-5 烟气蒸发酸洗除砷技术工艺相关工况参数

项 目	参 数
烟气量/$m^3 \cdot h^{-1}$	5000
烟气中砷浓度/$mg \cdot m^{-3}$	800
烟气中粉尘浓度/$mg \cdot m^{-3}$	982
冶炼烟气温度/℃	280
冷却烟道平均烟气温度/℃	≤90
逆喷淋酸洗系统烟气温度/℃	63.5~90
逆喷淋酸洗液 $w(H_2SO_4)$/%	50~55
处理后烟气中砷浓度(标态)/$mg \cdot m^{-3}$	≤0.04
处理后烟气中颗粒物浓度(标态)/$mg \cdot m^{-3}$	≤5

表 6-6 烟气蒸发酸洗除砷主要设备一览表

序号	设备名称	规格参数	数量	材质
1	蒸发喷淋段	$\phi 600$ mm×6000 mm	1 台	Q235
2	双流体喷枪	SJ-100	1 台	C276
3	动力波逆喷管	$\phi 350$ mm×5000 mm	1 台	316L
4	动力波喷头	2″	1 台	四氟
5	气液分离塔	$\phi 1200$ mm×6500 mm	1 台	PPH
6	动力波循环泵	$Q=30$ m^3/h, $H=23$ m, $N=5.5$ kW	1 台	钢衬 PE
7	石墨换热器	换热面积: 20 m^2	1 台	PP/C
8	冷却水塔	50 m^3/h	1 台	玻璃钢
9	冷却水泵	$Q=50$ m^3/h, $H=25$ m, $N=7.5$ kW	1 台	钢衬 PE
10	二级吸收塔	$\phi 1200$ mm×6500 mm	1 台	PPH
11	二级吸收循环泵	$Q=20$ m^3/h, $H=23$ m, $N=5.5$ kW	1 台	钢衬 PE
12	排液泵	$Q=10$ m^3/h, $H=23$ m, $N=5.5$ kW	1 台	钢衬 PE
13	排液罐	$\phi 1200$ mm×2000 mm	1 台	PPH
14	电除雾器	300 mm×6000 mm, 12 管	1 台	C/FRP
15	引风机	$Q=5000$ m^3/h, $p=5000$ Pa, $N=15$ kW	1 台	FRP
16	进入烟道	DN400	1 套	Q235
17	出口烟道	DN400	1 套	PPH
18	隔膜压力表		1 台	316 L
19	温度计表		2 台	316 L

6.2.2　示范工程及运行效果

6.2.2.1　硫酸富集性能

高温制酸烟气中存在大量 SO_3，洗涤液中的硫酸通过反应式（6-1）得到，为有效降低生产成本，硫酸洗涤液在逆喷淋酸洗涤系统中循环使用，将硫酸浓度提升至目标浓度。

$$SO_3 + H_2O \Longrightarrow H_2SO_4 \tag{6-1}$$

对 7~9 月设备运行过程中硫酸洗涤液中酸浓度的变化进行监测，硫酸浓度变化情况如图所示。图6-9（a）反映的是 S1 段硫酸洗涤液中酸浓度的变化情况，并以（14±1）天为周期求取平均值对数据进行阶段性比较，从图中可以看出设备运行初期硫酸浓度偏低，但在设备运行 30 天左右酸浓度开始逐渐提高，并在

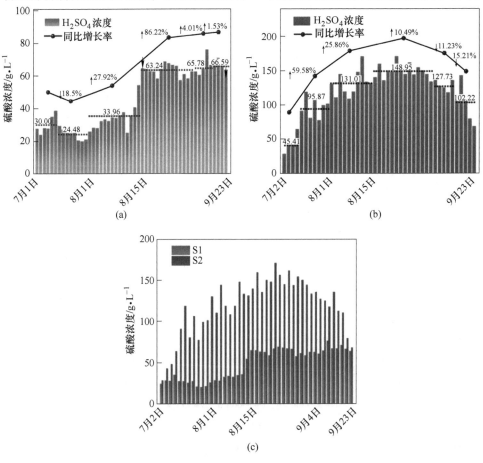

图 6-9　工艺中各工段洗涤液中硫酸浓度变化及对比

（a）S1 段；（b）S2 段；（c）S1 段和 S2 段硫酸浓度对比

第三阶段（8 月上旬）到第四阶段（8 月下旬）明显提升，同比增长率达到
86.22%。且在设备运行后期保持稳定，酸浓度约为 65 g/L。由图 6-9（b）（S2
段）的变化趋势可知，在初期酸浓度偏低，随着设备的运行酸浓度明显提升且最
高峰可达 170 g/L 左右，但后期酸浓度逐渐下降。设备运行周期内，酸浓度整体
呈现先提高后下降的变化趋势。将 S1 段和 S2 段硫酸洗涤液酸浓度的变化趋势对
比来看（图 6-9（c）），S2 段中酸浓度明显高于 S1 段，在设备运行中期，S2 段
酸浓度比 S1 段高 2 倍。

6.2.2.2 现场工艺除砷性能

在 5.1.4 节中已经提到，本工艺中制酸烟气中砷的去除主要利用 As_2O_3 在硫
酸浓度为 50%~55% 时的溶解度为最低值、烟气温度降低有利于 As_2O_3 析出这一
特性，使烟气中的砷在低温高酸的条件下结晶析出。因此对 7~9 月设备运行期
间的 S1 段和 S2 段的硫酸洗涤液中的砷浓度进行监测，结果如图 6-10 所示。由图
6-10（a）中可以看出，在设备运行初期，S1 和 S2 工段对于烟气中砷的去除效
率偏低，在运行中期除砷效率逐渐提升，并在后期趋于稳定。此外，S1 段比 S2
段具有更高的除砷效率，该结果与实验室结论一致。

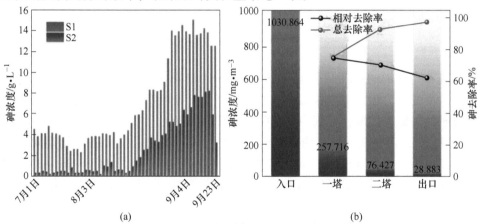

图 6-10　7~9 月工艺运行过程中洗涤液中砷浓度变化及砷脱除性能
(a) 硫酸洗涤液中砷浓度变化；(b) 各工段对砷的脱除性能

由图 6-10 可知，进口处烟气中总 As 浓度为 1030.864 mg/m³，经一塔（S1
段）处理后，烟气中 As 浓度降至 257.716 mg/m³，去除率达 75%；再经二
塔（S2 段）处理后，烟气中 As 浓度进一步降至 76.427 mg/m³，再经电除尘处理
后，出口烟气中 As 浓度低至 28.883 mg/m³，总体来看，本工艺中 As 的总去除
率高达 97.2%。结合图 6-10，各工段 As 的相对去除率分别为一塔（S1 段）
75%、二塔（S2 段）70.34%、出口（电除尘）62.21%，即 S1 段>S2 段>电除
尘，综合来看，三个工段串联应用能够高效去除烟气中 As。

6.2.2.3　现场工艺对氟氯去除性能

本节主要考察在此工艺中 S1 段和 S2 段硫酸洗涤液对烟气中氟、氯离子的去除效果，由于制酸烟气具有高温高砷特点，本部分通过测定吸收塔中氟、氯离子浓度，总体判断烟气中氟、氯离子净化效果，结果如图 6-11 所示。

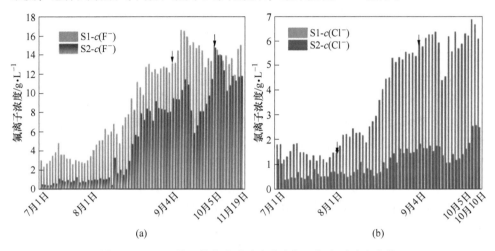

图 6-11　7~11 月工艺中硫酸洗涤液中氟、氯离子浓度变化
(a) 氟离子浓度；(b) 氯离子浓度

图 6-11 (a) 是 7~11 月设备运行期间 S1 段和 S2 段中硫酸洗涤液中的氟离子浓度变化，运行前期较低的氟离子浓度间接表明两者在设备运行初期对于氟离子的去除率较低，但到中期去除效果明显提升，且在后期趋于稳定。对比 S1 段和 S2 段硫酸洗涤液中的氟离子浓度变化可以看出，在设备运行期间，S1 段对氟离子的去除率整体上高于 S2 段，且在 7 月 1 日~8 月 14 日 S2 段的平均去除率仅占总去除率的 19.71%，但在设备运行中后期，S2 段的去除率逐渐提高。

图 6-11 (b) 为设备运行期间工艺中硫酸洗涤液中氯离子的相关浓度数据，主要反映了硫酸洗涤液对制酸烟气中氯离子的捕集情况。可知在设备运行初期（7 月 1 日~8 月 1 日）该段硫酸洗涤液对氯离子的捕集较差，最高浓度均低于 2 g/L，平均浓度仅为 1.42 g/L。随着设备运行的逐渐稳定，自 8 月 2 日起，洗涤液对氯离子的捕集效果开始逐渐提升，且在 8 月 12~20 日明显提升，最高浓度可达 5.29 g/L。在设备运行后期，该段洗涤液对氯离子的捕集效果较高且基本趋于稳定，8 月 21 日~10 月 10 日，洗涤液中氯离子浓度基本稳定在 5 g/L 以上，平均浓度可达 5.8 g/L，是设备运行初期的 4 倍。S2 段硫酸洗涤液中氯离子其浓度整体呈现逐步提高的趋势，但浓度较低，最高浓度仅为 2.494 g/L。S2 段洗涤液中氯离子浓度明显偏低。

6.2.2.4 现场工艺对其他金属的洗脱性能

图 6-12 为 7~11 月设备运行期间工艺中 S1 段和 S2 段硫酸洗涤液中 Zn^{2+} 和 Pb^{2+} 的浓度变化，其中图 6-12（a）为 S1 段和 S2 段中洗涤液的 Zn^{2+} 浓度变化，由图 6-12（a）可知，在 7 月 1 日~8 月 22 日 Zn^{2+} 浓度偏低，经计算，平均浓度约为 0.046 g/L，而在设备运行后期，即 8 月 25 日~11 月 19 日，Zn^{2+} 浓度显著提升，平均浓度达到 0.2 g/L，是前期的 4.35 倍。除个别设备运行日，S2 阶段 Zn^{2+} 浓度稍高外，其他时间浓度均稳定于 0.02 g/L 左右。另 S2 段 Zn^{2+} 浓度明显低于 S1 段，尤其在后期（8 月 25 日~11 月 19 日），S1 段洗涤液中 Zn^{2+} 的平均浓度是 S2 段的 6 倍，表明 S1 段硫酸洗涤液对 Zn^{2+} 的捕集作用明显好于 S2 段。

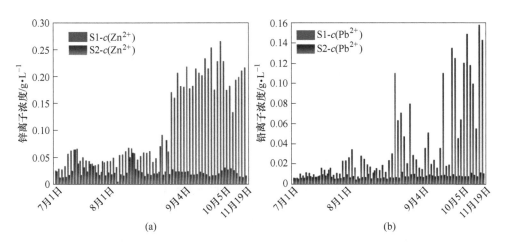

图 6-12　7~11 月工艺中硫酸洗涤液中锌、铅离子浓度变化

（a）Zn^{2+} 浓度；（b）Pb^{2+} 浓度

图 6-12（b）为设备运行期间工艺 S1 段、S2 段铅离子浓度变化情况，在 7 月 1 日~8 月 17 日，S1 段洗涤液中铅离子平均浓度约为 0.015 g/L，且呈一定的增长趋势；在 8 月 18 日~11 月 19 日铅离子浓度变化波动较大，最小值仅为 0.014 g/L，最大值达 0.158 g/L，但总体捕集效果好于前期，平均浓度约为 0.081 g/L，是前期的 5.79 倍。相比 S1 段，S2 段洗涤液中铅离子的浓度较低，且浓度变化整体较稳定，S1 段对于铅离子具有更好的捕集效果。由于该硫酸液体中含铅、锌等金属离子，且酸液中硫酸浓度有限，可外售至周边企业用于酸浸。本技术能够高效去除烟气中的 As，实现烟气中氟、氯的开路。研究获得了含砷烟气绝热蒸发酸洗除砷及硫的资源化性能，一定程度降低了传统有色金属冶炼烟气净化工艺含砷污酸量。

6.3　铜冶炼高砷烟尘资源化利用示范研究

6.3.1　工艺流程设计

本工程配备一套原料输送装置、一套烟尘浸出反应釜装置、一套沉铜反应釜装置、一套烟气二氧化硫脱砷装置、配套液固分离装置。铜冶炼烟尘通过仓式泵自动输送至烟灰仓内，避免采用吨袋转运造成额外的费用及车辆费用，可避免环保事故；烟尘加料通过自动控制对铜冶炼烟尘实现精准控制，确保浸出系统的稳定运行。由于浸出装置中以污酸作为浸出剂，因此需要注意耐腐蚀，浸出后压滤，滤液送往沉铜装置。技术关键在于突破硫化过程稳定收铜、酸性环境 SO_2 高效利用、As_2O_3 稳定析出等难题，沉铜装置是整套铜冶炼烟尘处理的核心及难点，关键在于控制硫化砷加入量及反应时间。SO_2 还原脱砷装置核心在于：

（1）SO_2 烟气的稳定鼓入及高效利用；

（2）带有冷冻机组的夹套反应釜。高砷烟尘资源化利用工程主要控制的参数如表 6-7 所示，运行过程主要设备如表 6-8 所示，现场设备如图 6-13 所示，工艺示意图如图 6-14 所示。

核心装备包括烟尘浸出槽、烟尘还原槽，如图 6-15 和图 6-16 所示。

表 6-7　高砷烟尘资源化利用主要参数表

项　目	参　数	备　注
处理烟尘量/t·d^{-1}	45	设计最大处理量
As 含量/%	3.55~10.19	
污酸/m^3·d^{-1}	225	H_2SO_4 浓度 70 g/L
制酸烟气/%	8~12	SO_2 浓度
烟气体积/m^3·d^{-1}	16257	SO_2 浓度 8%
低压蒸汽/t	53.65	0.3 MPa

表 6-8　高砷烟尘资源化利用主要设备一览表

序号	设备名称	规格参数	数量	材质
一	标准设备			
1	冷凝水泵	$Q=20$ m^3/h, $H=20$ m	1 台	1Cr18Ni9Ti 钢
2	浆化槽泵	$Q=40$ m^3/h, $H=20$ m, 功率：55 kW	2 台	合金泵
3	沉铜压滤泵	$Q=50$ m^3/h, $H=55$ m, 功率：5.5 kW	2 台	合金泵

序号	设备名称	规格参数	数量	材质
4	还原反应槽泵	$Q=50\ \mathrm{m^3/h}$，$H=30\ \mathrm{m}$	4 台	2205 不锈钢
5	还原终液泵	$Q=50\ \mathrm{m^3/h}$，$H=30\ \mathrm{m}$	1 台	
6	沉铜洗水槽泵	$Q=30\ \mathrm{m^3/h}$，$H=32\ \mathrm{m}$，功率：55 kW	1 台	UHMWPE
7	离心机	150 L	2 台	
8	包装机	8 h/d		
二	非标准设备			
1	还原反应槽	$V=38\ \mathrm{m^3}$，$\phi3.2\ \mathrm{m}\times5.0\ \mathrm{m}$	1 台	PPH
2	还原终液槽	$V=66.88\ \mathrm{m^3}$，$\phi4.2\ \mathrm{m}\times5.0\ \mathrm{m}$	1 台	PPH
3	冷凝水槽	$V=17.65\ \mathrm{m^3}$，$3\ \mathrm{m}\times2\ \mathrm{m}\times3\ \mathrm{m}$	1 台	PPH
4	浆化槽	$V=21.48\ \mathrm{m^3}$，$\phi2.8\ \mathrm{m}\times3.6\ \mathrm{m}$	2 台	UHMWPE
5	沉铜反应槽	$V=38\ \mathrm{m^3}$，$\phi3.2\ \mathrm{m}\times5.0\ \mathrm{m}$	3 台	UHMWPE
6	热水槽	$Q=30\ \mathrm{m^3/h}$，$H=55\ \mathrm{m}$	2 台	PPH
7	沉铜洗水槽	$V=15\ \mathrm{m^3}$，$\phi2.5\ \mathrm{m}\times3.0\ \mathrm{m}$	1 台	FRP

(a)　　　　　　　　　　　　　　　　(b)

图 6-13　高砷烟尘资源化利用现场图

（a）烟尘浸出槽；（b）烟尘还原槽

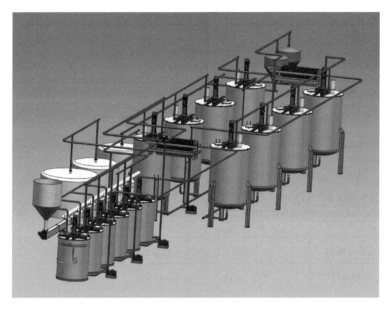

图 6-14　高砷烟尘资源化利用示范工程示意图

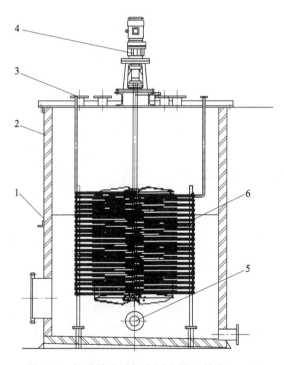

图 6-15　铜冶炼含砷烟尘浸出槽（单位：mm）

1—壳体；2—耐酸砖防腐层；3—槽盖；4—立式搅拌装置；5—陶瓷套管；6—加热盘管

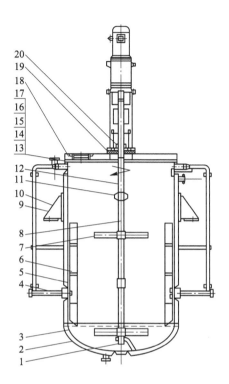

图 6-16　铜冶炼含砷烟尘还原槽

1—底轴承；2—夹套封头；3—封头；4—夹套筒体；5—筒体；6—搅拌器组件；7—阻流板；
8—下搅拌轴；9—耳座；10—上搅拌轴；11—接地板；12—法兰；13—盖板；14—垫片；
15—螺母；16—螺柱；17—槽钢；18—链接凸槽；19—机座减速机；20—外循环管组件

6.3.2　示范工程及运行效果

铜冶炼高砷烟尘资源化利用工程可实现烟尘中铜、锌、砷的综合回收率分别达 94%、96%、75%，铜冶炼企业硫化砷和高浓度 SO_2 可实现资源化利用。白烟尘有价金属回收效益分析如表 6-9 所示，按照年产 12500 t 白烟尘，外售单价3300 元/t 计价，外售可直接收入 3650 万元，生产成本按照 500 元/t，按照本工艺路线可年产开路浸出渣 6475 t，价值约 3735 万元，沉铜渣 550 t，价值约 976万元，产出三氧化二砷 2500 t，处理成本约为 885 万元。考虑后续锌回收价值1028 万元，流程至脱砷工艺利润约为 4630 元/t。

本工艺与云南铜业分公司烟尘处理工艺对比如表 6-10 所示，相比云铜利用电积收铜，本工艺利用硫化砷沉铜，符合以废治废理念，具有较好的环境效益，且经济效益总体一致，资源利用率高。

表 6-9　冶炼烟尘酸浸-资源回收经济效益分析

投入

	数量	单位	Ag/g·t⁻¹	Cu	S	Zn	Pb	As	Bi	Sb	Sn	In
熔炼烟尘	12500	t	114	1.9	7	10.1	22.1	14	4.57	0.43	4	0.12
	计价系数	%	35	30	—	10	38	—	—	—	—	15
	组合单价	元/t	2920									
总价		元	36500000									

产出

	数量/t	单位	Ag/g·t⁻¹	Cu	S	Zn	Pb	As	Bi	Sb	Sn	In
浸出渣	5200	t	200	0.3	4	0.5	38	3	4.57		3.7	0.1
	计价系数%	%	60	—			70%	—	不计价	—	71000	—
	组合单价	元/t	9427									
总价		元	49020400									
铜渣	550	t		40%			5%					
	计价系数	%		85%								
	组合单价	元/t	17745									
	总价	元	9760000									
含锌液	1150	t				7						
	组合单价	元/t	8939									
	总价	元	10280000									
白砷	数量	t	1975.71									
	处理单价	元/t	4000									
	处理费用	元	-8850000									
生产费用	单位加工成本	元/t	500									
	生产总成本	元	6250000									
利润		元	5780000									

本技术可降低污酸对环境的危害，并回收大量有价资源，实现有色金属冶炼烟气中砷污染物的绿色净化和高效资源化。中国正处于全面发展的重要阶段，面临严峻的环保压力及资源枯竭压力，对于经济、环境和社会可持续发展有着特殊的战略意义，实现有色金属冶炼烟气中砷化物的"低能耗、低排放、低污染、高回收"，进一步加强了烟气中砷化物的绿色净化及资源化技术在有色冶炼及相关

行业的推广，应用前景和应用市场巨大。

表 6-10 不同工艺烟尘处理技术对比

处理技术	云铜烟尘利用工艺	本技术
烟尘类型	艾萨炉烟尘和转炉烟尘混合烟尘	铜熔炼烟尘
工艺流程	烟尘浸出—电积收铜—锌浓缩—二氧化硫沉砷—铅铋回收	烟尘浸出—硫化砷沉铜—SO₂沉砷—硫化氢深度除砷—硫酸锌回收
主要技术指标	铜、铅、铋、锌的综合回收率分别达到 90%、70%、85%、90%，60%~70%的 As、Cd 从白烟尘开路	铜、锌、砷的综合回收率分别达 94%、96%、75%
主要经济指标	约 4000 元/t 烟尘	约 4630 元/t 烟尘收益
工艺特点	砷铁渣量低，无废水处理	以废治废，无废水，资源利用率高

6.4 本章小结

本章确定铜冶炼硫砷协同转化技术路线，研制铜冶炼硫砷协同转化过程冷却塔、喷淋装置、硫化槽、还原收砷核心设备，并在 10 万吨/年铜冶炼精炼炉烟气进行工业应用试验。主要结论如下：

（1）成功设计铜渣尾矿矿浆法烟气脱硫系统并顺利运行 30000 m^3/h 铜渣尾矿矿浆法烟气脱硫系统；示范工程运行结果证实铜渣尾矿矿浆法两级吸收可实现烟气中低浓度硫的高效净化，治理后烟气达排放标准；

（2）建立一套 5000 m^3/h 烟气绝热蒸发冷却酸洗除砷装置，运行结果证实三个工段的串联应用能够高效去除烟气中的 As，总去除率高达 97.2%；两段联合洗涤可同步实现烟气中氟、氯的开路；

（3）经济性能分析表明采用两段逆流浸出、硫化砷沉铜、二氧化硫还原脱砷、硫化氢深度脱砷工艺，可实现烟尘的高效经济回收。

参 考 文 献

[1] JENA S S, TRIPATHY S S K, MANDRE N R, et al. Sustainable use of copper resources: Beneficiation of low-grade copper ores [J]. Minerals, 2022, 12 (5): 545.

[2] PÉREZ K, TORO N, GÁLVEZ E, et al. Environmental, economic and technological factors affecting Chilean copper smelters—A critical review [J]. Journal of Materials Research and Technology, 2021, 15: 213-225.

[3] 王敏. 铜冶炼行业现状及发展对策 [J]. 中国金属通报, 2019 (12): 7-8.

[4] 杨天, 梁宇, 刘长灏, 等. 火法铜冶炼工艺危废的资源属性评价研究 [J]. 环境保护科学, 2022, 48 (2): 78-84.

[5] JAROSIKOVA A, ETTLER V, MIHALJEVIC M, et al. Characterization and pH-dependent environmental stability of arsenic trioxide-containing copper smelter flue dust [J]. Journal of Environment Management, 2018, 209: 71-80.

[6] 牛永胜, 王源瑞, 庞振业, 等. 从铜冶炼系统砷铋渣中提取砷试验研究 [J]. 湿法冶金, 2022, 41 (4): 338-342.

[7] GUO Xueyi, ZHANG Lei, TIAN Qinghua, et al. Selective removal of As from arsenic-bearing dust rich in Pb and Sb [J]. Transactions of Nonferrous Metals Society of China, 2019, 29 (10): 2213-2221.

[8] NIKOLIĆ I P, MILOŠEVIĆ I M, MILIJIĆ N N, et al. Cleaner production and technical effectiveness: Multi-criteria analysis of copper smelting facilities [J]. Journal of Cleaner Production, 2019, 215: 423-432.

[9] FRY K L, WHEELER C A, GILLINGS M M, et al. Anthropogenic contamination of residential environments from smelter As, Cu and Pb emissions: Implications for human health [J]. Environmental Pollution, 2020, 262: 114235.

[10] 戴俊普. 铜冶炼烟尘综合回收利用工艺的生产实践 [J]. 世界有色金属, 2019 (8): 5-6.

[11] 陈佳程. 控制铜冶炼烟气中 SO₃ 浓度的技术及理论研究 [D]. 沈阳: 东北大学, 2019.

[12] LIU Weifeng, FU Xinxin, YANG Tianzu, et al. Oxidation leaching of copper smelting dust by controlling potential [J]. Transactions of Nonferrous Metals Society of China, 2018, 28 (9): 1854-1861.

[13] 杨平. 铜冶炼阳极炉烟气热能回收方式评析 [J]. 有色冶金设计与研究, 2019, 40 (6): 34-37.

[14] 凌飞, 李俊. 大冶有色铜冶炼环集烟气综合治理实践 [J]. 硫酸工业, 2019 (4): 34-37.

[15] 肖景东, 周剑宗, 刘明, 等. 铜冶炼环集烟气治理工艺优化改造 [J]. 云南冶金, 2021, 50 (4): 67-71.

[16] LI Xueke, HAN Jinru, LIU Yan, et al. Summary of research progress on industrial flue gas desulfurization technology [J]. Separation and Purification Technology, 2022, 281: 119849.

[17] 陈少林，程喜梁，张强，等. 铜冶炼烟气脱硫技术应用现状 [J]. 有色冶金节能，2021，37 (5)：60-64.

[18] 李志伟. 氨-酸法处理铜冶炼烟气制酸尾气的实践 [J]. 中国有色冶金，2007 (5)：60-62，93.

[19] BART H J, NING Ping, SUN Peishi, et al. Chemisorptive catalytic oxidation process for SO_2 from smelting waste gases by Fe (Ⅱ) [J]. Separation Technology, 1996, 6 (4)：253-260.

[20] YE Wangqi, LI Yunjiao, KONG Long, et al. Feasibility of flue-gas desulfurization by manganese oxides [J]. Transactions of Nonferrous Metals Society of China, 2013, 23 (10)：3089-3094.

[21] 范晓彬，张伟光，曹雪娇，等. 氧化锌法矿化吸收重金属冶炼烟气中 SO_2 的研究 [J]. 有色金属科学与工程，2022，13 (3)：20-25.

[22] 黄建洪，陈珊，陈全坤，等. 双氧水法和氨法在铜冶炼制酸尾气脱硫工程应用中的比较 [J]. 环境工程学报，2020 (6)：1688-1697.

[23] 秦万东，李丽. 烟气中含氧量对氨法烟气脱硫系统氧化效果的影响 [J]. 武汉工程大学学报，2018，40 (5)：511-513.

[24] 肖景东，周剑宗，刘明，等. 铜冶炼环集烟气治理工艺优化改造 [J]. 云南冶金，2021，50 (4)：67-71.

[25] 张晓丹，刘长东，车贤，等. 铜冶炼企业环境集烟处理工艺方案选择及应用 [J]. 有色冶金设计与研究，2021，42 (5)：8-10.

[26] 王志超. 铜冶炼环集烟气脱硫系统运行实践 [J]. 硫酸工业，2022 (10)：43-45，48.

[27] 朱惠峰. 活性焦的制备及其烟气脱硫的实验研究 [D]. 南京：南京理工大学，2011.

[28] 王庆轮. 双氧水法脱硫在铜阳极炉应用实践 [J]. 冶金冶炼，2019 (6)：4-5.

[29] 王斌. 铜冶炼环集烟气脱硫系统的改造实践 [J]. 有色设备，2022，36 (3)：55-58.

[30] HABECHE F, HACHEMAOUI M, MOKHTAR A, et al. Recent advances on the preparation and catalytic applications of metal complexes supported-mesoporous silica MCM-41 (Review) [J]. Journal of Inorganic, Polymers Organometallic, Materials, 2020, 30 (11)：4245-4268.

[31] YU Huimin, LI chenghui, TIAN Yunfei, et al. Recent developments in determination and speciation of arsenic in environmental and biological samples by atomic spectrometry [J]. Microchemical Journal, 2020, 152：1044312.

[32] PAN Xiulian, BAO Xinhe. Reactions over catalysts confined in carbon nanotubes [J]. Chemical Communications, 2008, 47：6271-6281.

[33] MARQUIS F D S. Carbon nanotube nanostructured hybrid materials systems for renewable energy applications [J]. JOM, 2011, 63 (1)：48-53.

[34] ZENG Tao, DENG Zhigan, ZHANG Fan, et al. Removal of arsenic from "Dirty acid" wastewater via Waelz slag and the recovery of valuable metals [J]. Hydrometallurgy, 2021, 200：105562.

[35] GUO Li, DU Yaguang, YI Qiushi, et al. Efficient removal of arsenic from "dirty acid" wastewater by using a novel immersed multi-start distributor for sulphide feeding [J]. Separation

and Technology Purification, 2015, 142: 209-214.

[36] DU Ying, LU Qiong, CHEN Huiyun, et al. A novel strategy for arsenic removal from dirty acid wastewater via $CaCO_3$-Ca(OH)$_2$-Fe(Ⅲ) processing [J]. Journal of Water Process Engineering, 2016, 12: 41-46.

[37] HARRIS B. The removal of arsenic from process solutions: Theory and Industrial Practice [J]. Electrometallurgy and Environmental Hydrometallurgy, 2013, 2: 1889-1902.

[38] PROKKOLA H, NURMESNIEMI E T, LASSI U. Removal of metals by sulphide precipitation using Na_2S and HS-solution [J]. ChemEngineering, 2020, 4: 4030051.

[39] 陶雯. 浅议重金属废水处理技术和资源化 [J]. 资源节约与环保, 2022 (2): 98-101.

[40] VARDHAN K H, KUMAR M S, PANDA R C. A review on heavy metal pollution, toxicity and remedial measures: Current trends and future perspectives [J]. Journal of Molecular Liquids, 2019, 290: 11197.

[41] 环境保护部, 国家质量监督检验检疫总局. 铜、镍、钴工业污染物排放标准: GB 25467—2010 [S]. 北京: 中国环境科学出版社, 2010.

[42] 住房和城乡建设部, 国家质量监督检验检疫总局. 铜冶炼厂工艺设计规范: GB 50616—2011 [S]. 北京: 中国计划出版社, 2011.

[43] ZHANG Xiaosa, HU Yujie, XIA Zhimei, et al. Green and circular method for chloride separation from acid wastewater: application in zinc smelter [J]. Separation and Purification Technology, 2021, 283: 120221.

[44] XU Hui, WANG Yunyan, YAO Liwei, et al. Treatment of acidic solutions containing As(Ⅲ) and As(Ⅴ) by sulfide precipitation: Comparison of precipitates and sulfurization process [J]. Metals, 2023, 13 (4): 794.

[45] WANG Xiaomeng, WANG Dan, XU Jingang, et al. Modified chemical mineralization-alkali neutralization technology: Mineralization behavior at high iron concentrations and its application in sulfur acid spent pickling solution [J]. Water Research, 2022, 218: 118513.

[46] KOLIEHOVA A, TROKHYMENKO H, MELNYCHUK S, et al. Treatment of wastewater containing a mixture of heavy metal ions (copper-zinc, copper-nickel) using ion-exchange methods [J]. Journal of Ecological Engineering, 2019, 20 (11): 146-151.

[47] GUO Hui, YUAN Pengyi, PAVLOVIC V, et al. Ammonium sulfate production from wastewater and low-grade sulfuric acid using bipolar- and cation-exchange membranes [J]. Journal of Cleaner Production, 2020, 285 (12): 124888.

[48] SUN Rongrong, ZHANG Liang, ZHANG Zefeng, et al. Realizing high-rate sulfur reduction under sulfate-rich conditions in a biological sulfide production system to treat metal-laden wastewater deficient in organic matter [J]. Water Research, 2018, 131: 239-245.

[49] PENG Xianjia, CHEN Jingyi, KONG Linghao, et al. Removal of arsenic from strongly acidic wastewater using phosphorus pentasulfide As precipitant: UV-Light promoted sulfuration reaction and Particle aggregation [J]. Environmental Science & Techonology, 2018, 52 (8): 4791-4801.

[50] SI Zetian, LIAO Xiangyu, LI Jiaqiang, et al. Entransy performance analysis of the sulfuric acid

wastewater treatment process using a vacuum membrane distillation system [J]. Journal of Water Process Engineering, 2022, 50: 103286.

[51] CHEN Jing, WANG Shixiong, ZHANG Shu, et al. Arsenic pollution and its treatment in Yangzonghai lake in China: In situ remediation [J]. Ecotoxicology and Environmental Safety, 2015, 122: 178-185.

[52] LAGO D C, PRADO M O. Dehydroxilation and crystallization of glasses: A DTA study [J]. Journal of Non-Crystalline Solids, 2013, 381 (6): 12-16.

[53] DESOGUS P, MANCA P P, ORRÙ G, et al. Stabilization-solidification treatment of mine tailings using Portland cement, potassium dihydrogen phosphate and ferric chloride hexahydrate [J]. Minerals Engineering, 2013, 45: 47-54.

[54] PIANTONE P, BODÉNAN F, DERIE R, et al. Monitoring the stabilization of municipal solid waste incineration fly ash by phosphation: mineralogical and balance approach [J]. Waste Management, 2003, 23 (3): 225-243.

[55] 刘桂秋, 张鹤飞, 赵振华. 采用石灰-铁盐混凝沉淀法去除废水中的 As(III) [J]. 化工环保, 2008, 28 (3): 226-229.

[56] 易求实, 杜冬云, 鲍霞杰, 等. 高效硫化回收技术处理高砷净化污酸的研究 [J]. 硫酸工业, 2009 (6): 6-10.

[57] ZHANG Yu, GUO Shiyuan, ZHOU Jiti, et al. Flue gas desulfurization by $FeSO_4$ solutions and coagulation performance of the polymeric ferric sulfate by-product [J]. Chemical Engineering and Processing-Process Intensification, 2010, 49 (8): 859-865.

[57] 袁松, 李旻廷, 魏昶, 等. 铜冶炼烟尘酸性浸出液中铜、砷分离行为研究 [J]. 化工工艺与工程, 2022, 40 (4): 111-121.

[59] WANG Shaofeng, ZHANG Danni, LI Xiaoliang, et al. Arsenic associated with gypsum produced from Fe(III)-As(V) coprecipitation: Implications for the stability of industrial As-bearing waste [J]. Journal of Hazardous Materials, 2018, 360: 311-318.

[60] 胥永, 赖兵, 杜龙, 等. 有色金属冶炼厂污酸处理技术比较 [J]. 硫酸工业, 2021 (11): 40-43.

[61] CHEN Yujie, ZHAO Zongwen, TASKINEN P, et al. Characterization of copper smelting flue dusts from a bottom-blowing bath smelting furnace and a flash smelting furnace [J]. Metallurgical and Materials Transactions B, 2020, 51 (6): 2596-2608.

[62] 王晓丹. 铜冶炼过程中含砷烟尘的组成与脱砷工艺综述 [J]. 山西冶金, 2018, 41 (2): 87-88, 116.

[63] SCHLESINGER M E, KING M J, SOLE K C, et al. Extractive Metallurgy of Copper (5 th. ed.) [M]. Oxford: Elsevier, 2011.

[64] ZHANG Wenjuan, CHE Jianyong, XIA Liu, et al. Efficient removal and recovery of arsenic from copper smelting flue dust by a roasting method: Process optimization, phase transformation and mechanism investigation [J]. Journal of Hazardous Materials, 2021, 412: 125232.

[65] 徐媛. 含砷石膏渣水泥固化及强化机制研究 [D]. 昆明: 昆明理工大学, 2017.

[66] ZHANG N, Sun H H, LIU X M, et al. Early-age characteristics of red mud-coal gangue

cementitious material [J]. Journal of Hazardous Materials, 2009, 167 (1/2/3): 927-932.

[67] KUNDU S, GUPTA A K. Immobilization and leaching characteristics of arsenic from cement and/or lime solidified/stabilized spent adsorbent containing arsenic [J]. Journal of Hazardous Materials, 2008, 153 (1/2): 434-443.

[68] SIGDEL A, PARK J, KWAK H, et al. Arsenic removal from aqueous solutions by adsorption onto hydrous iron oxide-impregnated alginate beads [J]. Journal of Industrial & Engineering Chemistry, 2016, 35: 277-286.

[69] KUMAR A S K, SHIUHJEN J. Chitosan-functionalized graphene oxide: A novel adsorbent an efficient adsorption of arsenic from aqueous solution [J]. Journal of Environmental Chemical, 2016, 4 (2): 1698-1713.

[70] PARK J H, HAN Y S, AHN J S. Comparison of arsenic co-precipitation and adsorption by iron minerals and the mechanism of arsenic natural attenuation in a mine stream [J]. Water Research, 2016, 106: 295-303.

[71] SONG Tingting, WANG Ting, CHAI Liyuan, et al. Facile synthesis of Fe_3O_4 @ $Cu(OH)_2$ composites and their arsenic adsorption application [J]. Chemical Engineering Journal, 2016, 299: 15-22.

[72] 李宝花, 王文祥, 方红生, 等. 含砷废渣无害化处理新技术 [J]. 广州化工, 2022, 50 (3): 30-32.

[73] 朱宏伟. 矿渣基低温陶瓷胶凝材料固化硫化砷渣的研究 [D]. 昆明: 昆明理工大学, 2015.

[74] 赵由才, 孙英杰. 危险废物处理技术 [M]. 北京: 化学工业出版社, 2006.

[75] 张东亮. 铜渣涡流贫化过程的研究 [D]. 沈阳: 东北大学, 2017.

[76] 刘纲, 朱荣. 当前我国铜渣资源利用现状研究 [J]. 矿冶, 2008 (3): 59-63.

[77] 谌宏海, 邓红飞, 罗立群, 等. 炼铜炉渣选铜尾矿制备矿微粉 [J]. 化工进展, 2021, 40 (8): 4616-4623.

[78] 叶远林, 罗立群, 陈荣升, 等. 铜渣尾矿用作沥青混合料填料的性能及应用机理 [J]. 硅酸盐通报, 2023, 42 (5): 1740-1749.

[79] 钟菊芽. 我国渣选尾矿资源综合利用现状 [J]. 世界有色金属, 2017 (9): 191-192.

[80] 胥林朋, 刘士祥, 李肖斌, 等. 铜冶炼渣尾矿综合利用现状及研究 [J]. 铜业工程, 2022 (1): 31-34.

[81] HUANOSTA-GUTIERREZ T, DANTAS R F, RAMIREZ-ZAMORA R M, et al. Evaluation of copper slag to catalyze advanced oxidation processes for the removal of phenol in water [J]. Journal of Hazardous Matererials, 2012, 213: 325-330.

[82] LI Hailong, ZHANG Weilin, WANG Jun, et al. Copper slag as a catalyst for mercury oxidation in coal combustion flue gas [J]. Waste Management, 2018, 74: 253-259.

[83] RABIEE F, MAHANPOOR K. Photocatalytic Oxidation of SO_2 from flue gas in the presence of Mn/copper slag as a novel nanocatalyst: Optimizations by box-behnken design [J]. Iranian Journal of Chemistry & Chemical Engineering, 2019, 38 (3): 69-85.

[84] WOOD C E, QAFOKU O, LORING J S, et al. Role of Fe(Ⅱ) content in olivine carbonation

in wet supercritical CO$_2$ [J]. Environmental Science & Technology Letters, 2019, 6 (10): 592-599.

[85] FENG Yan, YANG Qianhui, ZUO Zongliang, et al. Study on preparation of oxygen carrier using copper slag as precursor [J]. Frontiers in Energy Research, 2021, 9: 781914.

[86] TAO Lei, WANG Xueqian, NING Ping, et al. Removing sulfur dioxide from smelting flue and increasing resource utilization of copper tailing through the liquid catalytic oxidation [J]. Fuel Processing Technology, 2019, 192: 36-44.

[87] LI Yongkui, ZHU Xing, QI Xianjin, et al. Efficient removal of arsenic from copper smelting wastewater in form of scorodite using copper slag [J]. Journal of Cleaner Production, 2020, 270: 122428.

[88] 王川. 工艺矿物学在新疆某铜矿浮选尾矿降尾工艺试验中的应用研究 [J]. 有色金属（选矿部分），2021（4）：13-17.

[89] 莎茹拉，于宏东，金翠叶，等. 内蒙古某铜浮选尾渣工艺矿物学研究 [J]. 矿冶，2020, 29（2）：110-116.

[90] 张煜，易小艺，李俊杰，等. 铜冶炼过程中脱砷技术综述及展望 [J]. 中国有色金属学报，2021, 31（6）：1582-1590.

[91] GONZÁLEZ A, FONT O, MORENO N, et al. Copper Flash Smelting Flue Dust as a Source of Germanium [J]. Waste and Biomass Valorization, 2017, 8 (6): 2121-2129.

[92] 胡深，张勤，刘海鹏，等. 铜冶炼过程中烟尘脱砷方法研究进展 [J]. 中国资源综合利用，2021, 39（1）：106-109.

[93] 孙航宇，杨洪英，王志鹏，等. 铜冶炼烟尘中有价金属回收研究现状 [J]. 中国有色冶金，2021, 50（6）：66-71.

[94] 王玉芳，李相良，周起帆，等. 铜冶炼烟尘处理技术综述 [J]. 有色金属工程，2019, 9（11）：53-59.

[95] 李学鹏，刘大春，王娟. 含砷铜烟尘砷的选择性分离实验 [J]. 材料导报B：研究篇，2018, 32（9）：3110-3115.

[96] LI Cong, ZHANG Rongliang, ZENG Jia, et al. Removal of arsenic from dusts produced during the pyrometallurgical refining of copper by vacuum carbothermal reduction [J]. Vacuum, 2021, 188: 110166.

[97] XING Zhenxing, YANG He, XUE Xiangxin, et al. A novel method for dearsenization from arsenic-bearing waste slag by selective chlorination and low-temperature volatilization [J]. Environmental Science and Pollution Research, 2022, 29 (40): 60145-60152.

[98] LI Xuepeng, LIU Dachun, WANG Juan, et al. Selective removal of arsenic from arseniccontaining copper dust by low-temperature carbothermal reduction [J]. Separation Science and Technology, 2020, 55 (1): 1-10.

[99] GAO Jintao, HUANG Zili, WANG Zengwu, et al. Recovery of crown zinc and metallic copper from copper smelter dust by evaporation, condensation and super-gravity separation [J]. Separation and Purification Technology, 2020, 231: 115925.

[100] CHEN Yujie, ZHU Shun, TASKINEN P, et al. Treatment of high-arsenic copper smelting

flue dust with high copper sulfate: Arsenic separation by low temperature roasting [J]. Minerals Engineering, 2021, 164: 106796.

[101] ZHANG Wenjuan, CHE Jianyong, WEN Peicheng, et al. Co-treatment of copper smelting flue dust and arsenic sulfide residue by a pyrometallurgical approach for simultaneous removal and recovery of arsenic [J]. Journal of Hazardous Materials, 2021, 416: 126149.

[102] SHI Tengteng, HE Jilin, ZHU Rongbo, et al. Arsenic removal from arsenic-containing copper dust by vacuum carbothermal reduction-vulcanization roasting [J]. Vacuum, 2021, 189: 110213.

[103] CHE Jianyong, ZHANG Wenjuan, MA Baozhong, et al. A shortcut approach for cooperative disposal of flue dust and waste acid from copper smelting: Decontamination of arsenic-bearing waste and recovery of metals [J]. Science of the Total Environment, 2022, 843: 157063.

[104] MIKULA K, IZYDORCZYK G, SKRZYPCZAK D, et al. Value-added strategies for the sustainable handling, disposal, or value-added use of copper smelter and refinery wastes [J]. Journal of Hazardous Materials, 2020, 403: 123602.

[105] MORALES A, CRUELLS M, ROCA A, et al. Treatment of copper flash smelter flue dusts for copper and zinc extraction and arsenic stabilization [J]. Hydrometallurgy, 2010, 105: 148-154.

[106] 黄家全, 马永鹏, 徐斌, 等. 铜冶炼白烟尘综合回收研究 [J]. 有色金属 (冶炼部分), 2020 (3): 17-22.

[107] GONZALEZ-MONTERO P, IGLESIAS-GONZALEZ N, ROMERO R, et al. Recovery of zinc and copper from copper smelter flue dust. Optimisation of sulphuric acid leaching [J]. Environmental Technology, 2020, 41 (9): 1093-1100.

[108] ZHENG Guangya, XIA Jupei, LIU Hailang, et al. Arsenic removal from acid extraction solutions of copper smelting flue dust [J]. Journal of Cleaner Production, 2021, 283: 125384.

[109] 陈雄, 范兴祥, 杨坤彬, 等. 铜电解废液浸出转炉烟尘制备硫酸铜联产硫酸锌工艺研究 [J]. 矿冶, 2018, 27 (1): 53-56.

[110] 张耀阳, 李存兄, 张兆闫, 等. 铜冶炼烟尘与污酸协同浸出体系中铜砷浸出行为 [J]. 中国有色金属学报, 2021, 32 (3): 856-865.

[111] 林鸿汉. 白烟尘氧化浸出铜砷工艺研究 [J]. 有色金属 (冶炼部分), 2020 (7): 16-19, 40.

[112] KARIMOV K A, NABOICHENKO S S, KRITSKII A V, et al. Oxidation sulfuric acid autoclave leaching of copper smelting production fine dust [J]. Metallurgist, 2019, 62 (11): 1244-1249.

[113] YANG Tianzu, FU Xinxin, LIU Weifeng, et al. Hydrometallurgical treatment of copper smelting dust by oxidation leaching and fractional precipitation technology [J]. JOM, 2017, 69 (10): 1982-1986.

[114] LI Meng, YUAN Junfan, LIU Bingbing, et al. Detoxification of Arsenic-containing copper smelting dust by electrochemical advanced oxidation technology [J]. Minerals, 2021,

11 (12): 1311.

[115] LIU Weifeng, FU Xinxin, YANG Tianzu, et al. Oxidation leaching of copper smelting dust by controlling potential [J]. Transactions of Nonferrous Metals Society of China, 2018, 28 (9): 1854-1861.

[116] SABZEZARI B, KOLEINI S M J, GHASSA S, et al. Microwave-leaching of copper smelting dust for Cu and Zn extraction [J]. Materials, 2019, 12 (11): 1822.

[117] 蒋清元, 周剑飞, 杨文. 铜吹炼白烟尘处理的研究及应用进展 [J]. 湖南有色金属, 2019, 35 (4): 33-35.

[118] XUE Jianrong, LONG Dongping, ZHONG Hong, et al. Comprehensive recovery of arsenic and antimony from arsenic-rich copper smelter dust [J]. Journal of Hazardous Materials, 2021, 413: 125365.

[119] ALGUACIL F J, REGEL-ROSOCKA M. Hydrometallurgical treatment of hazardous copper Cottrell dusts to recover copper [J]. Physicochemical Problems of Mineral Processing, 2018, 54 (3): 771-780.

[120] ZHANG Lei, GUO Xueyi, TIAN Qinghua, et al. Selective separation of arsenic from high-arsenic dust in the NaOH-S system based on response surface methodology [J]. Journal of Sustainable Metallurgy, 2021, 7 (2): 684-703.

[121] TIAN Jia, ZHANG Xingfei, WANG Yufeng, et al. Alkali circulating leaching of arsenic from copper smelter dust based on arsenic-alkali efficient separation [J]. Journal of Environment Management, 2021, 287: 112348.

[122] ZHANG Yuhui, FENG Xiaoyan, JIN Bingjie. An effective separation process of arsenic, lead, and zinc from high arsenic-containing copper smelting ashes by alkali leaching followed by sulfide precipitation [J]. Waste Managment Research, 2020, 38 (11): 1214-1221.

[123] GUO Li, LAN Jirong, DU Yaguang, et al. Microwave-enhanced selective leaching of arsenic from copper smelting flue dusts [J]. Journal of Hazardous Materials, 2020, 386: 121964.

[124] GUO Li, HU Zhongqiu, DU Yaguang, et al. Mechanochemical activation on selective leaching of arsenic from copper smelting flue dusts [J]. Journal of Hazardous Materials, 2021, 414: 125436.

[125] GUO Xueyi, SHI Jing, YI Yu, et al. Separation and recovery of arsenic from arsenic-bearing dust [J]. Journal of Environmental Chemical Engineering, 2015, 3 (3): 2236-2242.

[126] SHENG W, SHEN Y Y, SHENG-QUAN Z. Leaching of high arsenic content dust and a new process for the preparation of copper arsenate [J]. Archives of Metallurgy and Materials, 2018, 63 (8): 1167-1172.

[127] LIU Shufen, YANG Shenghai, ZHANG Xianpen, et al. Removal of cadmium and arsenic from Cd-As-Pb-bearing dust based on peroxide leaching and coprecipitation [J]. Hydrometallurgy, 2022, 209: 105839.

[128] ZHANG Yuhui, JIN Bingjie, HUANG Yinghong, et al. Two-stage leaching of zinc and copper from arsenic-rich copper smelting hazardous dusts after alkali leaching of arsenic [J]. Separation and Purification Technology, 2019, 220: 250-258.

[129] ZHANG Yuhui, FENG Xiaoyan, QIAN Long, et al. Separation of arsenic and extraction of zinc and copper from high-arsenic copper smelting dusts by alkali leaching followed by sulfuric acid leaching [J]. Journal of Environmental Chemical Engineering, 2021, 9 (5): 105997.

[130] 王玉芳, 周起帆, 王海北, 等. 铜冶炼烟尘浸出过程中砷镉行为研究 [J]. 有色金属 (冶炼部分), 2021 (9): 32-36.

[131] GAO Wei, XU Bin, YANG Junkui, et al. Recovery of valuable metals from copper smelting open-circuit dust and its arsenic safe disposal [J]. Resources, Conservation and Recycling, 2022, 179: 106067.

[132] GAO Wei, XU Bin, YANG Junkui, et al. Comprehensive recovery of valuable metals from copper smelting open-circuit dust with a clean and economical hydrometallurgical process [J]. Chemical Engineering Journal, 2021, 424: 130411.

[133] ZHANG Erjun, ZHOU Kanggen, CHEN Wei, et al. Separation of As and Bi and enrichment of As, Cu, and Zn from copper dust using an oxidation-leaching approach [J]. Chinese Journal of Chemical Engineering, 2021, 33: 125-131.

[134] WANG Ling, YU Chen, FU Xin, et al. Quantitative characterization of secondary copper flue dust and guidance for separating valuable and toxic elements via low-temperature roasting and selective leaching [J]. Minerals Engineering, 2022, 189: 107871.

[135] 曹佐英, 肖连生, 李立清, 等. 焙烧对高砷白烟灰中铜浸出率的影响及其热力学分析 [J]. 矿冶工程, 2012, 32 (5): 86-89.

[136] PRIYA J, RANDHAWA N S, HAIT J, et al. High-purity copper recycled from smelter dust by sulfation roasting, water leaching and electrorefining [J]. Environmental Chemistry Letters, 2020, 18 (6): 2133-2139.

[137] CHEN Jun, ZHANG Wenjuan, MA Baozhong, et al. Recovering metals from flue dust produced in secondary copper smelting through a novel process combining low temperature roasting, water leaching and mechanochemical reduction [J]. Journal of Hazardous Materials, 2022, 430: 128497.

[138] WANG Fenghe, ZHANG Fan, CHEN Yajun, et al. A comparative study on the heavy metal solidification/stabilization performance of four chemical solidifying agents in municipal solid waste incineration fly ash [J]. Journal of Hazardous Materials, 2015, 300: 451-458.

[139] 李辕成. 铜冶炼污泥固化/稳定化研究 [D]. 昆明: 昆明理工大学, 2014.

[140] 阮福辉. 含砷石灰铁盐渣的基础问题研究 [D]. 长沙: 中南民族大学, 2012.

[141] 钟勇. 探究有色金属冶炼生产中含砷废水和废渣的治理 [J]. 世界有色金属, 2021 (10): 11-12.

[142] 余宝元. 前苏联有色冶金工业应用的脱砷工艺 [J]. 有色冶金, 1992 (1): 33-40.

[143] 刘树根, 田学达. 含砷固体废物的处理现状与展望 [J]. 湿法冶金, 2005, 24 (4): 183-186.

[144] 赵萌, 宁平. 含砷污泥的固化处理 [J]. 昆明理工大学学报, 2003, 28 (5): 100-104.

[145] YAO Liwei, MIN Xiaobo, XU Hui, et al. Hydrothermal treatment of arsenic sulfide residues from arsenic-bearing acid wastewater [J]. International Journal of Environmental Research &

Public Health, 2018, 15 (9): 1863.

[146] ZHANG Weifang, LU Hongbo, LIU Feng, et al. Hydrothermal treatment of arsenic sulfide slag to immobilize arsenic into scorodite and recycle sulfur [J]. Journal of Hazardous Materials, 2021, 406: 124735.

[147] YU Huimin, LI Chenghui, TIAN Yunfei, et al. Recent developments in determination and speciation of arsenic in environmental and biological samples by atomic spectrometry [J]. Microchemical Journal, 2020, 152: 104312.

[148] 王学谦, 马懿星, 施勇, 等. 锌冶炼重金属物质流向及烟气净化效果 [J]. 化工学报, 2014, 65 (9): 3661-3668.

[149] 丁冬梅, 杨华, 李炜. 原子荧光光谱法测定砷过程中还原反应条件的优化 [J]. 中国无极分析化学, 2024, 14 (3): 261-266.

[150] LI Q Z, LI B S, YAN X L, et al. A review of arsenic reaction behavior in copper smelting process and its disposal techniques [J]. Journal of Central South University, 2023, 30: 2510-2541.

[151] WU Huiying, YANG Fan, LI Hongping, et al. Heavy metal pollution and health risk assessment of agricultural soil near a smelter in an industrial city in China [J]. International Journal of Environmental Health Research, 2020, 30 (2): 174-186.

[152] ZHOU Jun, LIANG Jiani, HU Yuanmei, et al. Exposure risk of local residents to copper near the largest flash copper smelter in China [J]. Science of the Total Environment, 2018, 630: 453-461.

[153] de la Campa A M S, SANCHEZ-RODAS D, CASTANEDO Y G, et al. Geochemical anomalies of toxic elements and arsenic speciation in airborne particles from Cu mining and smelting activities: influence on air quality [J]. Journal of Hazardous Materials, 2015, 291: 18-27.

[154] 王官华, 李文勇, 陈鑫, 等. 脱硫尾气 "有色烟羽" 常见原因分析 [J]. 硫酸工业, 2020 (4): 38-40.

[155] 朱祖泽, 贺家齐. 现代铜冶金学 [M]. 北京: 科学出版社, 2003.

[156] 向成喜, 王晓武, 张博亚. 浅析如何控制铜冶炼火法流程中砷的分布 [J]. 云南冶金, 2021, 50 (6): 72-75, 80.

[157] 唐巾尧, 王云燕, 徐慧, 等. 铜冶炼多源固废资源环境属性的解析 [J]. 中南大学学报 (自然科学版), 2022, 53 (10): 3811-3826.

[158] GUO Xueyi, CHEN Yuanlin, WANG Qinmeng, et al. Copper and arsenic substance flow analysis of pyrometallurgical process for copper production [J]. Transactions of Nonferrous Metals Society of China, 2022, 32 (1): 364-376.

[159] 郭宏伟. 铜火法精炼烟气与环集烟气混气方案的研究 [J]. 有色冶金设计与研究, 2020, 41 (5): 12-15.

[160] 马珩. 北方某铜冶炼项目大气污染防治措施及环境影响分析 [D]. 哈尔滨: 哈尔滨工业大学, 2018.

[161] 赵娜, 尤翔宇. 干式除尘技术在国内有色冶炼行业的应用及发展趋势 [J]. 有色金属

科学与工程, 2018, 9 (2): 96-102.

[162] CHEN C J. Enhanced collection efficiency for cyclone by applying an external electric field [J]. Separation Science and Technology, 2001, 36 (3): 499-511.

[163] 贾小梅, 何磊, 舒艳, 等. 铜冶炼企业重金属污染物粒径分布特征研究 [J]. 有色金属 (冶炼部分), 2015 (8): 67-72.

[164] 柴祯. 废杂铜冶炼过程中污染物迁移转化规律研究 [D]. 北京: 中国矿业大学 (北京), 2014.

[165] 杨柳. 10000 t/a 精锡冶炼石灰石-石膏烟气脱硫系统的生产实践及技术改造 [J]. 世界有色金属, 2017 (24): 3-4.

[166] 刘士祥, 陈一恒, 董广刚, 等. 铜冶炼含汞酸泥湿法处理工艺研究 [J]. 中国有色冶金, 2020, 49 (3): 23-27.

[167] 陈一恒, 董广刚, 刘士祥, 等. 一种铜冶炼铅滤饼中铜, 汞, 硒, 铅和金银的处理工艺: 201910293640.9 [P]. 2021-01-22.

[168] 倪冲, 赵燕鹏, 阮福辉, 等. 氨浸法从含砷石灰铁盐渣中回收铜的动力学 [J]. 中国有色金属学报, 2013, 23 (6): 1769-1774.

[169] MIN Xiaobo, LIAO Yingping, CHAI L Y, et al. Removal and stabilization of arsenic from anode slime by forming crystal scorodite [J]. Transactions of Nonferrous Metals Society of China, 2015, 25 (4): 1298-1306.

[170] CHEN Jing, WANG Shixiong, ZHANG Shu, et al. Arsenic pollution and its treatment in Yangzonghai lake in China: In situ remediation [J]. Ecotoxicology and Environmental Safety 2015, 122: 178-185.

[171] 赵占冲, 史谊峰, 祝星, 等. 含砷石膏渣还原分解行为及砷迁移规律 [J]. 中国有色金属学报, 2017, 27 (1): 187-197.

[172] CHAI Liyuan, WU Jianxun, WU Yanjing, et al. Environmental risk assessment on slag and iron-rich matte produced from reducing-matting smelting of lead-bearing wastes and iron-rich wastes [J]. Transactions of Nonferrous Metals Society of China, 2015, 25 (10): 3429-3435.

[173] 张桂芳. 铜冶炼厂含砷污酸的石灰-铁盐-离子交换法梯级沉砷实验研究 [D]. 昆明: 昆明理工大学, 2022.

[174] 袁俊智, 赵雅卿. 铜冶炼污酸中和渣无害化处理 [J]. 有色冶金节能, 2020, 36 (5): 67-71.

[175] 中国环境监测总站. 土壤元素的近代分析方法 [M]. 北京: 中国环境科学出版社, 1992.

[176] 姚亮, 李旭朋. 有色冶炼烟气骤冷收砷技术的研究与应用 [J]. 中国有色冶金, 2014, 43 (3): 41-44.

[177] 邓帮强, 林元吉. 铜冶炼过程中铅、砷分布及危害预防 [J]. 2017 (14): 12-13.

[178] CHEN Tao, YAN Bo, LEI Chang, et al. Pollution control and metal resource recovery for acid mine drainage [J]. Hydrometallurgy, 2014, 147/148: 112-119.

[179] XU Lei, ZHENG Yajie, ZHAO Yunlong, et al. Recovery of arsenic oxide, harmless gypsum

residue and clean water by lime neutralization and precipitation [J]. Hydrometallurgy, 2023, 215: 105996.

[180] CHAI Liyuan, YANG Jinqin, ZHANG Ning, et al. Structure and spectroscopic study of aqueous Fe (Ⅲ)-As (Ⅴ) complexes using UV-Vis, XAS and DFT-TDDFT [J]. Chemosphere, 2017, 182: 595-604.

[181] OTGON N, ZHANG Guangji, ZHANG Kailun, et al. Removal and fixation of arsenic by forming a complex precipitate containing scorodite and ferrihydrite [J]. Hydrometallurgy, 2019, 186: 58-65.

[182] 黄自力, 刘缘缘, 陶青英, 等. 石灰沉淀法除砷的影响因素 [J]. 环境工程学报, 2012, 6 (3): 734-738.

[183] HU Xingyun, PENG Xianjia, KONG Linghao. Removal of fluoride from zinc sulfate solution by in situ Fe (Ⅲ) in a cleaner desulfuration process [J]. Journal of Cleaner Production, 2017, 164: 163-170.

[184] HAN Xu, SONG Jia, LI Yiiang, et al. As(Ⅲ) removal and speciation of Fe (Oxyhydr) oxides during simultaneous oxidation of As(Ⅲ) and Fe(Ⅱ) [J]. Chemosphere, 2016, 147: 337-344.

[185] LI Xian, GRAHAM N J D, DENG Wensheng, et al. Structural variation of precipitates formed by Fe (Ⅱ) oxidation and impact on the retention of phosphate [J]. Environmental Science & Technology, 2022, 56 (7): 4345-4355.

[186] FUJITA T, TAGUCHI R, ABUMIYA M, et al. Effect of pH on atmospheric scorodite synthesis by oxidation of ferrous ions: Physical properties and stability of the scorodite [J]. Hydrometallurgy, 2009, 96 (3): 189-198.

[187] ZHANG Tingting, ZHAO Yunliang, KANG Shichang, et al. Formation of active $Fe(OH)_3$ in situ for enhancing arsenic removal from water by the oxidation of Fe (Ⅱ) in air with the presence of $CaCO_3$ [J]. Journal of Cleaner Production, 2019, 227: 1-9.

[188] 李小亮, 张丹妮, 王少锋, 等. 铁砷共沉淀中的硫酸钙对砷固定作用 [J]. 生态学杂志, 2014, 33 (10): 2803-2809.

[189] TRESINTSI S, SIMEONIDIS K, PLIATSIKAS N, et al. The role of SO_4^{2-} surface distribution in arsenic removal by iron oxy-hydroxides [J]. Journal of Solid State Chemistry, 2014, 213: 145-151.

[190] 丁成芳, 邱远鹏. 铜冶炼烟气中氟对制酸系统的影响及应对措施 [J]. 中国有色冶金, 2021, 50 (5): 35-39.

[191] 苏莎. 硫酸废液中氟氯的去除 [D]. 长沙: 中南大学, 2012.

[192] QIU Yangbo, REN Longfei, SHAO Jiahui, et al. An integrated separation technology for high fluoride-containing wastewater treatment: Fluoride removal, membrane fouling behavior and control [J]. Journal of Cleaner Production, 2022, 349: 131225.

[193] 王海荣, 胡亮. 铜冶炼烟气制酸固体废物资源化及减量化生产实践 [J]. 硫酸工业, 2023 (1): 21-24.

[194] GERMAN M, SENGUPTA A K, GREENLEAF J. Hydrogen ion (H⁺) in waste acid as a

driver for environmentally sustainable processes: opportunities and challenges [J]. Environmental Science & Technology, 2013, 47 (5): 2145-2150.

[195] 余中山, 胡巧开. 利用烟气中 SO_2 处理污酸中砷的方法 [J]. 工业水处理, 2018, 38 (3): 54-57.

[196] 李新军. 影响干法骤冷收砷效果的因素 [J]. 硫酸工业, 2015 (2): 45-48.

[197] 陈世亮. 转炉干法除尘喷射水及气体控制模型优化 [J]. 山西冶金, 2021, 44 (5): 171-173.

[198] SONG Bing, SONG Min, CHEN Dandan, et al. Retention of arsenic in coal combustion flue gas at high temperature in the presence of CaO [J]. Fuel, 2020, 259: 116249.

[199] 程华花, 谢成, 迟栈洋, 等. 利用二吸塔出口绝干尾气绝热蒸发浓缩减排酸性废水的技术研究及工业化应用 [J]. 硫磷设计与粉体工程, 2021 (3): 31-35.

[200] DALEWSKI F. Removing arsenic from copper smelter gases [J]. JOM, 1999, 51 (9): 24-26.

[201] 刘海弟, 蔡兵, 马小乐, 等. 硫酸 (55%) 的 H_2S 硫化降砷研究 [J]. 有色设备, 2023, 37 (2): 6-12.

[202] BATTAGLIA-BRUNET F, CROUZET C, BURNOL A, et al. Precipitation of arsenic sulphide from acidic water in a fixed-film bioreactor [J]. Water Research, 2012, 46 (12): 3923-3933.

[203] HELZ G R, TOSSELL J A. Thermodynamic model for arsenic speciation in sulfidic waters: A novel use of ab initio computations [J]. Geochimica et Cosmochimica Acta, 2008, 72 (18): 4457-4468.

[204] JIANG Guomin, PENG Bing, CHAI Liyuan, et al. Cascade sulfidation and separation of copper and arsenic from acidic wastewater via gas-liquid reaction [J]. Transactions of Nonferrous Metals Society of China, 2017, 27 (4): 925-931.

[205] ZHANG Xingfei, YUAN Jia, TIAN Jia, et al. Ultrasonic-enhanced selective sulfide precipitation of copper ions from copper smelting dust using monoclinic pyrrhotite [J]. Transactions of Nonferrous Metals Society of China, 2022, 32 (2): 682-695.

[206] LUTHER G W, Theberge S M, Rickard D T. Evidence for aqueous clusters as intermediates during zinc sulfide formation [J]. Geochimica et Cosmochimica Acta, 1999, 63 (19): 3159-3169.

[207] 蒋国民, 彭兵, 王海棠, 等. 冶炼烟气洗涤污酸废水气液硫化除锌 [J]. 中国有色金属学报, 2016, 26 (12): 2676-2685.

[208] BULLEN H A, DORKO M J, OMAN J K, et al. Valence and core-level binding energy shifts in realgar (As_4S_4) and pararealgar (As_4S_4) arsenic sulfides [J]. Surface Science, 2003, 531 (3): 319-328.

[209] KIM E J, Batchelor B. Macroscopic and X-ray photoelectron spectroscopic investigation of interactions of arsenic with synthesized pyrite [J]. Environmental Science & Technology, 2009, 43 (8): 2899-2904.

[210] MIN Xiaobo, LI Yangwenju, KE Yong, et al. Fe-FeS_2 adsorbent prepared with iron powder

and pyrite by facile ball milling and its application for arsenic removal [J]. Water Science and Technology, 2017, 76: 192-200.

[211] ZHOU Huihui, LIU Guijian, ZHANG Liqun, et al. Formation mechanism of arsenic-containing dust in the flue gas cleaning process of flash copper pyrometallurgy: A quantitative identification of arsenic speciation [J]. Chemical Engineering Journal, 2021, 423: 130193.

[212] 刘海浪, 和森, 宋向荣, 等. 铜冶炼高砷烟尘浸出特性研究 [J]. 安全与环境学报, 2017, 17 (3): 1124-1128.

[213] ZHOU Huihui, LIU Guijian, ZHANG Liqun, et al. Formation mechanism of arsenic-containing dust in the flue gas cleaning process of flash copper pyrometallurgy: A quantitative identification of arsenic speciation [J]. Chemical Engineering Journal, 2021, 423: 130193.

[214] 代群威, 郭军, 陈思倩, 等. 铜冶炼烟尘中重金属的赋存状态及浸出分析 [J]. 安全与环境学报, 2022, 22 (5): 2737-2742.

[215] XU Shenghang, DAI Siqin, SHEN Yukun, et al. Speciation characterization of arsenic-bearing phase in arsenic sulfide sludge and the sequential leaching mechanisms [J]. Journal of Hazardous Materials, 2022, 423: 127035.

[216] YU Guolin, ZHANG Ying, ZHENG Shili, et al. Extraction of arsenic from arsenic-containing cobalt and nickel slag and preparation of arsenic-bearing compounds [J]. Transactions of Nonferrous Metals Society of China, 2014, 24 (6): 1918-1927.

[217] LONG Hua, HUANG Xingzhong, ZHENG Yajie, et al. Purification of crude As_2O_3 recovered from antimony smelting arsenic-alkali residue [J]. Process Safety and Environmental Protection, 2020, 139: 201-209.

[218] PENG Yinglin, ZHENG Yajie, ZHOU Wenke, et al. Separation and recovery of Cu and As during purification of copper electrolyte [J]. Transactions of Nonferrous Metals Society of China, 2012, 22 (9): 2268-2273.

[219] 刘荣. 动力波技术及其在硫磺回收装置的应用 [J]. 石油化工技术与经济, 2019, 35 (5): 50-55.

[220] 杨必文, 周起帆, 王海北, 等. 吸收脱硫铜渣磁选试验研究 [J]. 有色金属工程, 2021, 11 (7): 75-81.